ワンフレーズ力学

筑波大学名誉教授
原　康夫著

学術図書出版社

まえがき

『ワンフレーズ力学』は，力学の学習にさっと飛び込んで，力学の基本を的確に把握できることを目指して，気合いを入れて執筆した教科書である．執筆の意図を書名から読み取っていただけると幸いである．

高校で物理を履修しなかった学生諸君も，力学の基礎が十分に理解できるよう工夫したので，張り切って学習に取り組んでほしい．本書の執筆で心がけたことは下記の点である．

1. 簡単明瞭を原則にして，文章表現をできる限り簡潔かつ平易にした．
2. 定義や結果が明確に表現され，理解しやすいように努めた．
3. 見開きの 2 ページで説明が完結することを原則にし，前後のページを参照しなくてもよいようにした．
4. 基礎概念の適切な認識を助ける問題を問および章末問題として多数出題した．
5. 内容と水準については，米国の研究大学で理系向けに開設されている微分を使用しない non-calculus タイプのコースの力学と同等以上とした．
6. 数理的思考力が身につくよう，数式の意味の説明，グラフの読み方の説明などで配慮した．
7. 各章の本文の中では十分に説明し切れなかった事項のいくつかについて，付録の「よくある質問」で補足的に説明した．
8. 速度と加速度を定義するときに微分係数，導関数と 2 次導関数の説明を行い，変位(位置の変化)を速度から求める方法といっしょに定積分の説明を行った．本書の学習を通じて，微分係数，導関数，定積分などの記号の物理学的な意味が理解できるようになると考える．
9. 物理教育の研究で学生が理解しにくいとされている点についての研究結果を参考にした．

本書を授業で使用する際には，原則として 1 章が 1 週で学習できることを目安にしたが，章によって若干長さが異なるので，最初の 6 章までの長い章は 1 章を 2 週あるいは 2 章を 3 週で学習させることも考慮していただきたい．

力学は力と運動を対象とする物理学の分野であり，日常生活で体験する現象が主な対象なので，物理学の中では親しみやすい分野である．本書が読者の力学の理解に有用であるよう念願している．

なお，本書を学んで，もっと高度な内容の力学を学びたい方には拙著の『物理学通論 I』(学術図書出版社)，『物理学』(学術図書出版社)をお勧めしたい．

本書を執筆する際に，教室で受けた質問や反応，物理教育の研究会などで先生方から学んだことを「ワンフレーズ」という見地から参考にして，仮想的な授業を行っている気持で執筆できたことは幸いであった．

最後になったが，本書の出版を企画し助力していただいた学術図書出版社の発田孝夫さんに厚くお礼申し上げる．

2008 年 9 月

原　　康夫

も　く　じ

1. 直線運動 1— 速度と加速度

2. 直線運動 2— 等加速度直線運動

3. 平面運動とベクトル

4. ニュートンの運動の法則

5. 等 速 円 運 動

6. 仕事とエネルギー

7. 運 動 量 と 力 積

8. 剛体のつり合い

9. 回 転 運 動

10. 振　動

付録　よくある質問

1

直線運動 1 —— 速度と加速度

いちばん簡単な運動は，物体が一直線上を運動する直線運動である．まっすぐな線路を走る電車の運動や真上に投げ上げられたボールの運動は直線運動の例である．

物体の運動状態を表す量に速度と加速度がある．日常生活で使う「速い」という言葉は，同じ時間に遠くまで行くことや，同じ距離を短い時間で行くことを定性的に表すが，物理学では「速度」という定量的な表現を使う．また，「速くなる」，「遅くなる」という言葉を定量的にしたのが「加速度」である．

物体は運動によって移動する．物体の運動とは位置が時間とともに変化することであるから，運動を表すにはまず物体の位置を表すことが必要である．位置の情報から，速度が求められ，速度の情報から加速度が求められる．

本章の目標は，

(1) 直線運動をしている物体の位置と速度と加速度がどのように定義された量であり，たがいにどのような関係にあるのかを理解する

(2) 物体の位置が時間とともにどのように変化するのかを表す x-t グラフから物体の運動を読み取れるようになる

(3) x-t グラフの傾きが，各時刻での速度を表すことを理解し，x-t グラフから物体の速度を読み取れるようになる

(4) 物体の速度が時間とともにどのように変化するのかを表す v-t グラフから物体の速度の変化を読み取れるようになる

(5) 物体の位置と速度と加速度の関係を通じて，数学の微分（変化率）とはどういうものであるかを理解する

ことなどである．

1.1 速　さ

平均の速さ　物体の移動距離 s を移動時間 t で割った量を**平均の速さ**という（記号 $\bar{v}$）.

$$\bar{v} = \frac{s}{t} \qquad 平均の速さ = \frac{移動距離}{時間} \tag{1.1}$$

移動距離 s は，平均の速さ $\bar{v}$ と時間 t の積である.

$$s = \bar{v}t \qquad 移動距離 = 平均の速さ \times 時間 \tag{1.2}$$

平均の速さ $\bar{v}$ で距離 s を移動するのにかかる時間 t は，距離 s を平均の速さ $\bar{v}$ で割った量である.

$$t = \frac{s}{\bar{v}} \qquad 時間 = \frac{移動距離}{平均の速さ} \tag{1.3}$$

問 1　大人が歩くときの平均の速さは何 m/s くらいか.

速さのいろいろな単位と速さの単位の変換　「速さの単位」は「長さの単位」÷「時間の単位」である．長さの単位には km，m，cm などがあり，時間の単位には時（記号 h），分（記号 min），秒（記号 s）などがある．国際単位系では，長さの単位は m，時間の単位は s（秒）なので，国際単位系での速さの単位は m/s である．長さの単位に km，時間の単位に h を選ぶときの，速さの単位は km/h である．$A/B = \dfrac{A}{B}$ は $A \div B$ を意味する.

速さが 10 m/s（秒速 10 m）とは 1 秒間あたり 10 m の割合で移動することを意味し，速さが 36 km/h（時速 36 km）とは 1 時間あたり 36 km の割合で移動することを意味する．速さは単位時間あたりの移動距離なのである.

速さの別の単位を使うと，速さを表す数値は異なる.

$$1\,\mathrm{km} = 1000\,\mathrm{m}, \quad 1\,\mathrm{h} = 60\,\mathrm{min} = 60 \times 60\,\mathrm{s} = 3600\,\mathrm{s}$$

なので,

$$1\,\mathrm{km/h} = \frac{1000\,\mathrm{m}}{3600\,\mathrm{s}} = \frac{1}{3.6}\,\mathrm{m/s}, \qquad 1\,\mathrm{m/s} = 3.6\,\mathrm{km/h} \tag{1.4}$$

第 2 式は，1 秒間あたり 1 m の割合で移動する速さは，1 時間あたり 3.6 km の割合で移動する速さに等しいことを意味する．表 1.1 は km/h から m/s への近似的な換算表である.

表 1.1　速さの換算表

20 km/h =	5.6 m/s
40 km/h =	11.1 m/s
60 km/h =	16.7 m/s
80 km/h =	22.2 m/s
100 km/h =	27.8 m/s

問 2　5 m/s，10 m/s，20 m/s，30 m/s，40 m/s はそれぞれ何 km/h か．

問 3　チータは陸上動物でもっとも速い．500 m 以下を走るときの最高速度は約 100 km/h である．100 km/h の速さで 10 秒間走るときの走行距離はどのくらいか．

例題 1　　東海道新幹線の「のぞみ」には，東京-新大阪間を 2 時間 30 分で走行するものがある．東京-新大阪間の距離を営業キロ数の 552.6 km として，この「のぞみ」の平均の速さを求めよ．速さの単位として，km/h と m/s の両方の場合を求めよ．

解　$30\ \mathrm{min} = 30\times\dfrac{\mathrm{h}}{60} = 0.5\ \mathrm{h}$ であり，0.30 h ではないことに注意すると，

$$\bar{v} = \frac{552.6\ \mathrm{km}}{2.5\ \mathrm{h}} = 221.0\ \mathrm{km/h} = 221.0\times\frac{1}{3.6}\ \mathrm{m/s} = 61.4\ \mathrm{m/s}$$

例題 2　　太陽と地球の距離は 1 億 5 千万 km である．光が太陽から地球まで伝わる時間 t を求めよ．なお，光は 1 秒間に 30 万 km 伝わる．

解

$$t = \frac{s}{v} = \frac{150000000\ \mathrm{km}}{300000\ \mathrm{km/s}} = 500\ \mathrm{s} = 8\frac{1}{3}\ \mathrm{min} = 8\ \mathrm{min}\ 20\ \mathrm{s}$$

瞬間の速さ　　非常に短い時間での平均の速さを瞬間の速さという（記号 v）．非常に短い時間 Δt での微小な移動距離を Δs とすると，瞬間の速さ v は

$$v = \frac{\Delta s}{\Delta t}$$

である．厳密な定義は

$$v = \lim_{\Delta t \to 0}\frac{\Delta s}{\Delta t}$$

で，これを $\dfrac{\mathrm{d}s}{\mathrm{d}t}$ と記す．自動車のスピード計の読みは瞬間の速さを表す．

1.2 直線運動をする物体の位置と速度

直線運動　直線運動とは運動の道筋が直線の運動である．これまでの議論では，物体の運動の道筋は曲線でもよかった．本章ではこれ以後，物体が一直線上を運動する場合だけを考える．たとえば，直線道路を走る自動車の運動である．

直線上の位置　物体の運動を記述するには，位置を測る基準が必要である．直線運動をしている物体の位置を表すには，道筋の直線を x 軸に選び，原点 O と正の向き，および長さの単位（1 cm，1 m，1 km など）を決める（図 1.1）．そうすると，$x = 3\,\text{m}$ のように，位置は，「数値」×「長さの単位」として表される．

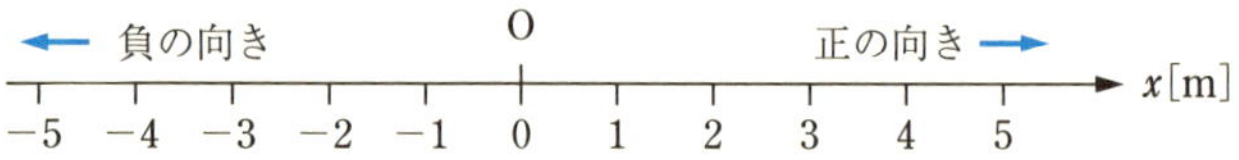

図 1.1　座標軸（x 軸，単位が m の場合）．この場合，3 は $x = 3\,\text{m}$ を意味する．

物体の位置が時間とともに変化する様子は，横軸に時刻 t，縦軸に位置 x を選んだグラフで図示できる．このグラフを x-t **グラフ**という．

例 1　ある自動車は，時刻 $t = 0$ に道路原点 O を出発し，x 軸の正の向きに，速さが 100 km/h の等速運動を行って，1 時間後に $x = 100\,\text{km}$ の地点 A に到着し，0.5 時間休憩した後，同じ方向に速さが 50 km/h の等速運動を行った．この自動車の運動を表す x-t グラフは図 1.2 のようになる．物体の速さが変化する場合には，x-t グラフは直線にはならない．

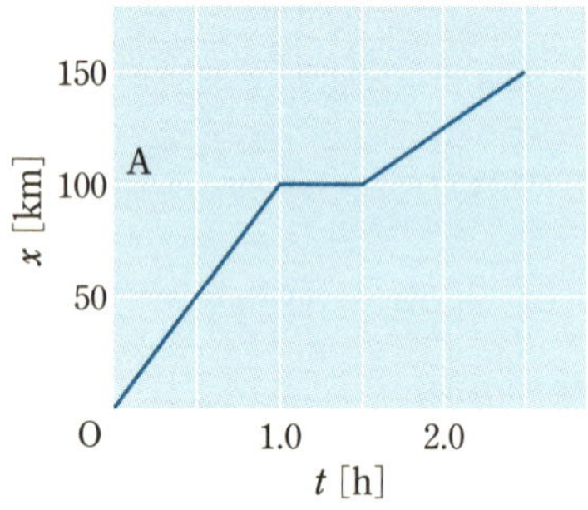

図 1.2

例 2　ある自動車は，時刻 $t = 0$ に $x = 50\,\text{km}$ の点 B を出発し，道路原点 O を目指して，x 軸の負の向きに，速さが 50 km/h の等速運動を行い，1 時間後に道路原点 O に到着した．この自動車の x-t グラフを図 1.3 に示す．

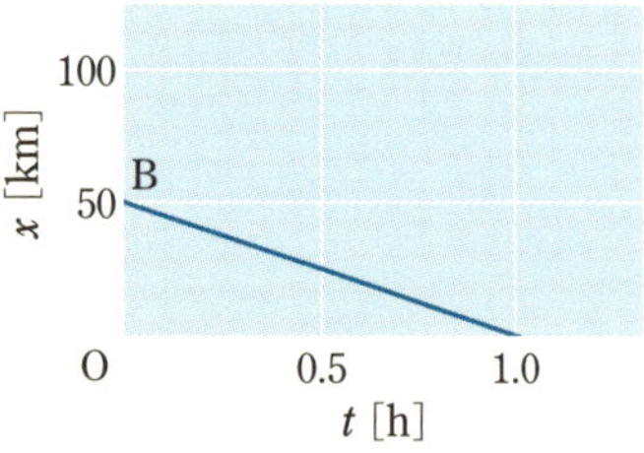

図 1.3

変位　同じ速さの運動でも，x 軸の正の向きへの運動と負の向きへの運動は異なる．そこで，変位を考える．**変位**は，始点の位置 x_1 と終点の位置 x_2 の差，

$$\Delta x = x_2 - x_1 \tag{1.5}$$

であり (図 1.4)，

x 軸の正の向きへの運動の場合には，変位 $x_2 - x_1 > 0$

x 軸の負の向きへの運動の場合には，変位 $x_2 - x_1 < 0$

である．なお，Δx は変位を表すひとまとまりの量であり，Δ (デルタと読む) と x の積ではない．

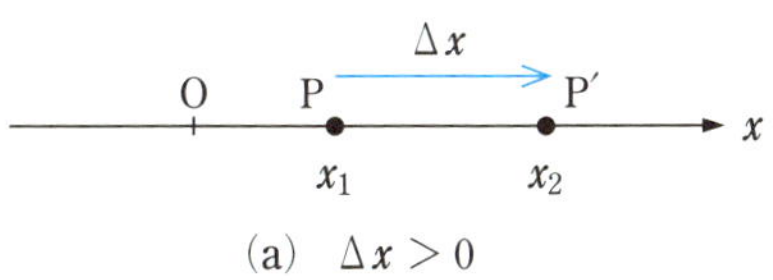

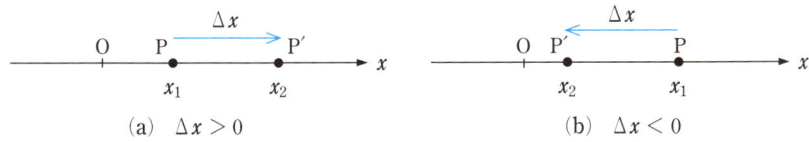

図 1.4　変位 $\Delta x = x_2 - x_1$

問 4　時刻 0 s の位置が $x_1 = 2$ m で，時刻 2 s の位置が $x_2 = -2$ m の場合

(1)　変位 $\Delta x = x_2 - x_1$ はいくらか．

(2)　移動距離はいくらか．

問 5　図 1.5 は直線道路を走っている 2 台の自動車 A, B の x-t グラフである．走行状況を説明せよ．

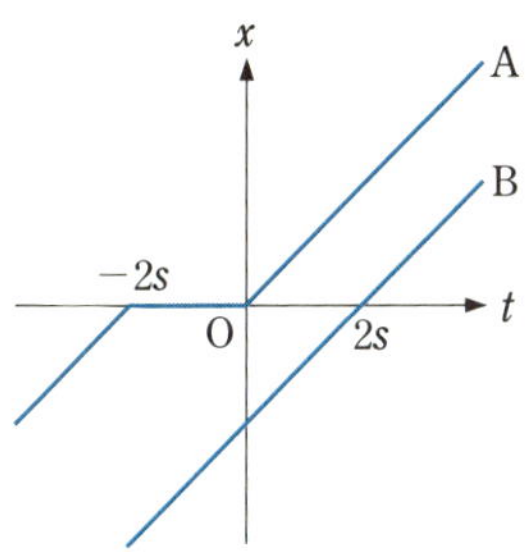

図 1.5

平均速度　**平均速度**は変位を時間で割った量で，平均の速さに運動の向きを付けた量である．時刻 t_1 から時刻 t_2 までの時間 $\Delta t = t_2 - t_1$ での平均速度 $\bar{v}$ は

$$\bar{v} = \frac{\Delta x}{\Delta t} = \frac{x_2 - x_1}{t_2 - t_1} \qquad \text{平均速度} = \frac{\text{変位}}{\text{時間}} \tag{1.6}$$

である．x_1 と x_2 は時刻 t_1 と t_2 での位置である．物体が

x 軸の正の向きに移動すれば，変位 Δx は正なので，平均速度は正であり，

x 軸の負の向きに移動すれば，変位 Δx は負なので，平均速度は負である．

図 1.6 の有向線分 $\overrightarrow{\mathrm{PP'}}$ の勾配とは，Δx を Δt で割って得られる量 $\dfrac{\Delta x}{\Delta t}$ である．したがって，平均速度 $\bar{v}$ は x-t グラフの有向線分 $\overrightarrow{\mathrm{PP'}}$ の勾配で表される．勾配は傾きに正負の符号がついた量である．$\overrightarrow{\mathrm{PP'}}$ が右上りなら $\bar{v} > 0$，$\overrightarrow{\mathrm{PP'}}$ が右下がりなら $\bar{v} < 0$，$\overrightarrow{\mathrm{PP'}}$ が水平なら $\bar{v} = 0$ である．$\overrightarrow{\mathrm{PP'}}$ の傾きが急なほど速い．なお，(1.6) 式から「変位」は「平均速度」と「時間」の積であることがわかる．

$$x_2 - x_1 = \bar{v}(t_2 - t_1) \qquad (\Delta x = \bar{v}\,\Delta t) \qquad \text{変位} = \text{平均速度} \times \text{時間} \tag{1.7}$$

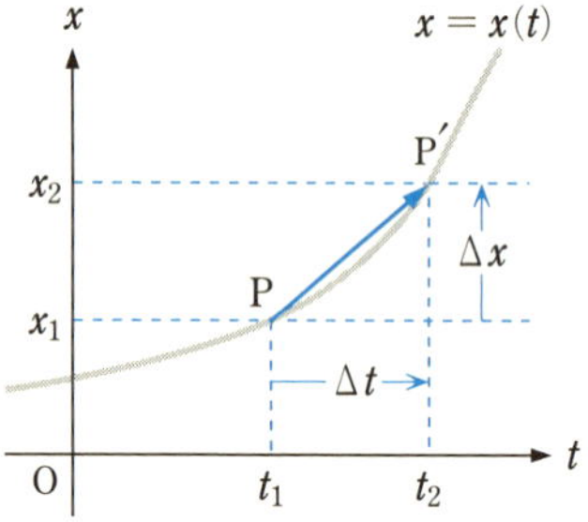

図 1.6

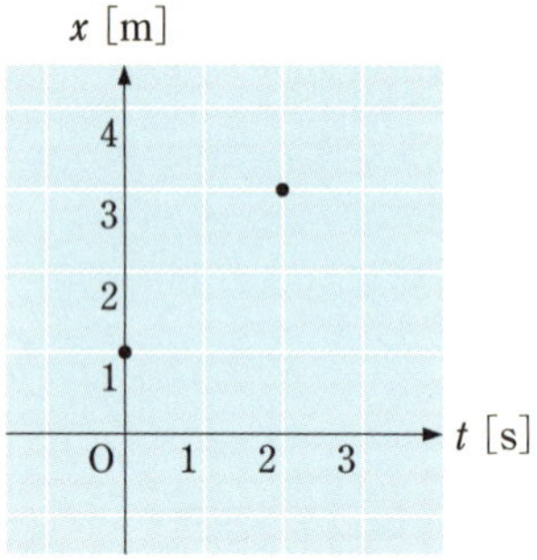

図 1.7

例 3　$t_1 = 0\,\mathrm{s}$ に $x_1 = 1\,\mathrm{m}$，$t_2 = 2\,\mathrm{s}$ に $x_2 = 3\,\mathrm{m}$ の場合，平均速度 $\bar{v}$ は変位が $\Delta x = x_2 - x_1 = 3\,\mathrm{m} - 1\,\mathrm{m} = 2\,\mathrm{m}$，時間が $\Delta t = t_2 - t_1 = 2\,\mathrm{s} - 0\,\mathrm{s} = 2\,\mathrm{s}$ なので（図 1.7）

$$\bar{v} = \frac{\Delta x}{\Delta t} = \frac{2\,\mathrm{m}}{2\,\mathrm{s}} = 1\,\mathrm{m/s}$$

問 6　同じ直線道路を歩いている A の速さは B の速さより大きいのに，速度については $v_A < v_B$ ということはあり得るか．あるとすれば，どのような場合か．

等速直線運動の x-t グラフと v-t グラフ　速度が一定な直線運動を**等速直線運動**という．一定な速度を v_0 とすると，等速直線運動する物体の時刻 t での位置は

$$x = v_0t + x_0 \qquad (v_0 \text{ は一定な速度}) \tag{1.8}$$

と表される．x_0 は時刻 $t=0$ での位置である．この式は時間 t での「変位 $x-x_0$」は「速度 v_0」×「時間 t」に等しいという関係，$x-x_0 = v_0t$ から導かれる．

等速直線運動する物体の x-t グラフは $x = v_0t+x_0$ のグラフで，勾配が速度 v_0 に等しい直線である（図 1.8）．

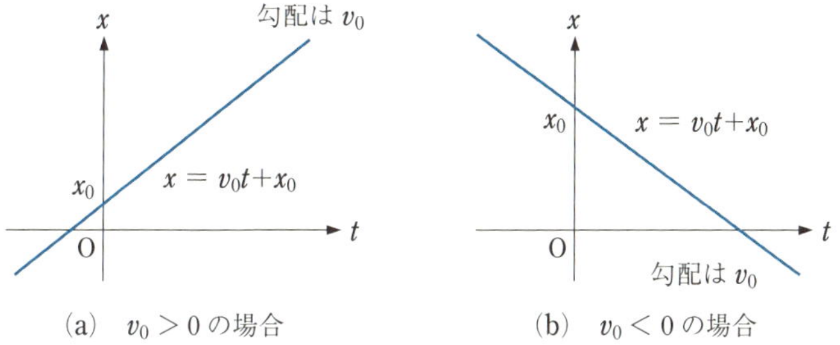

図 1.8

縦軸に速度 v，横軸に時刻 t を選んで，物体の速度 v が時刻 t とともにどのように変化するかを表す図を **v-t グラフ**という．一定な速度 v_0 の等速直線運動 $v = v_0$ の v-t グラフは，水平な直線である（図 1.9）．

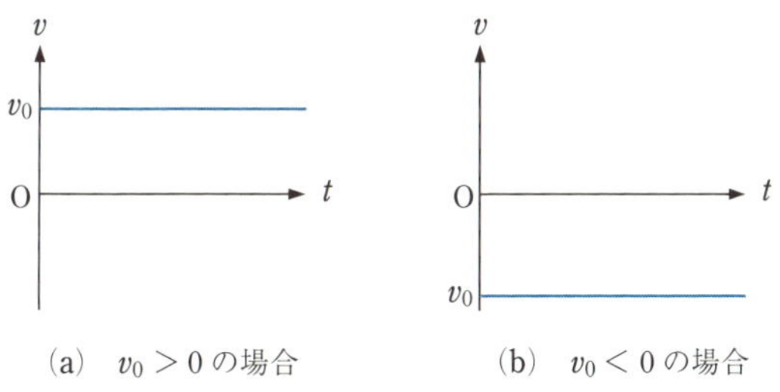

図 1.9　等速直線運動 $v = v_0$ の v-t グラフは水平な直線である．

問 7　一定の速さ 2 m/s で x 軸の負の向きに直線運動している物体の x-t グラフと v-t グラフを描け．$t=0$ での位置 $x_0 = 1$ m である．

速度（瞬間速度）　時間が限りなく短い場合の平均速度を**速度**（あるいは瞬間速度）という．

時刻 t での物体の位置を $x(t)$ と記す．時刻 $t_{\rm A}$ に $x = x(t_{\rm A})$ にあった物体が，時間 Δt が経過した，時刻 $t_{\rm A}+\Delta t$ に $x = x(t_{\rm A}+\Delta t)$ に移動すれば，**変位**は

$$\Delta x = x(t_{\rm A}+\Delta t) - x(t_{\rm A}) \tag{1.9}$$

であり，時刻 $t_{\rm A}$ から時刻 $t_{\rm A}+\Delta t$ までの時間 Δt での**平均速度** $\bar{v}$ は，

$$\bar{v} = \frac{\Delta x}{\Delta t} = \frac{x(t_{\rm A}+\Delta t) - x(t_{\rm A})}{\Delta t} \qquad 平均速度 = \frac{変位}{時間} \tag{1.10}$$

である．(1.10) 式の平均速度は，図 1.10 の x-t グラフの有向線分 $\overrightarrow{\rm PP'}$ の勾配に等しい．

時刻 $t_{\rm A}$ での**速度**（あるいは**瞬間速度**）$v(t_{\rm A})$ とは，時刻 $t_{\rm A}$ と時刻 $t_{\rm A}+\Delta t$ の間隔 Δt が限りなく短い場合の平均速度であり，数式で次のように表す．

$$v(t_{\rm A}) = \lim_{\Delta t \to 0} \frac{\Delta x}{\Delta t} = \lim_{\Delta t \to 0} \frac{x(t_{\rm A}+\Delta t) - x(t_{\rm A})}{\Delta t} \tag{1.11}$$

(1.11) 式で定義された $v(t_{\rm A})$ を関数 $x(t)$ の $t = t_{\rm A}$ での**微分係数**という［数学では $x'(t_{\rm A})$ と記す］．

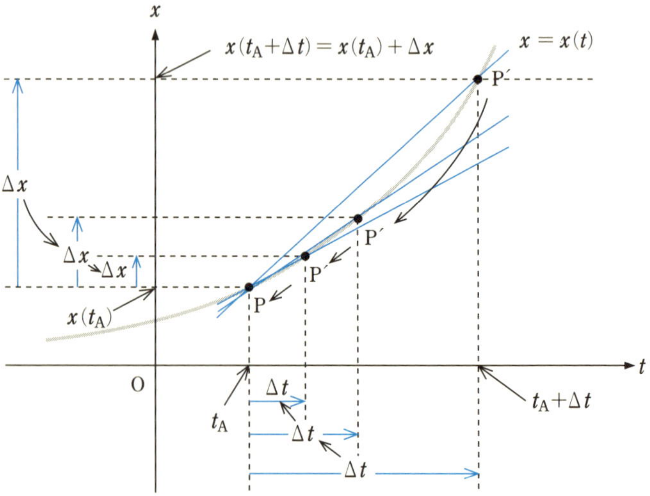

図 1.10

図 1.10 で，時間間隔 Δt を短くしていくと，有向線分 $\overrightarrow{PP'}$ の勾配は x-t グラフの点 P での接線の勾配に近づいていく．この接線の勾配が時刻 t_A での速度（瞬間速度）を表す．つまり，時刻 t_A での速度 $v(t_A)$ は x-t グラフの時刻 t_A での接線の勾配に等しい．

接線が右上がりなら $v(t_A)>0$ で x 軸の正の向きへの運動であり，右下がりなら $v(t_A)<0$ で x 軸の負の向きへの運動であり，接線が水平ならばその時刻での瞬間速度 $v(t_A)$ は 0 である（図 1.11）．

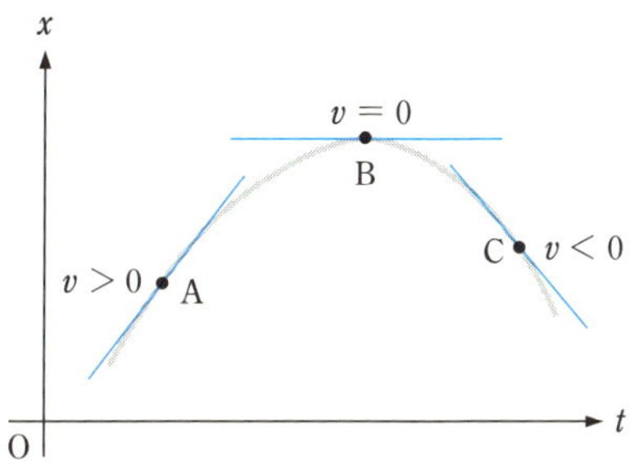

図 1.11　x-t グラフの勾配と速度

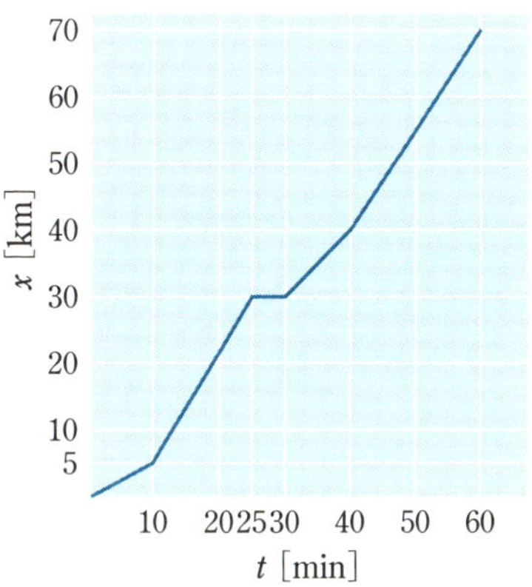

図 1.12

問 8　位置の時間的変化が図 1.11 の x-t グラフで表される物体の運動の様子は，時間とともにどのように変化するかを言葉で説明せよ．

問 9　図 1.12 は自動車が直線道路を 1 時間走行したときの x-t グラフである．

（1）　走行中の最高速度は何 km/h か．　（2）　走行中の最低速度は何 km/h か．

（3）　平均速度は何 km/h か．

参考　速度 $v(t)$ は位置 $x(t)$ の導関数である

(1.11) 式の t_A を t で置き換えると，任意の時刻 t での速度 $v(t)$ が導かれる．

$$v(t)=\lim_{\Delta t\to 0}\frac{\Delta x}{\Delta t}=\lim_{\Delta t\to 0}\frac{x(t+\Delta t)-x(t)}{\Delta t}\equiv\frac{\mathrm{d}x}{\mathrm{d}t} \tag{1.12}$$

$A\equiv B$ は A で定義された量を B と記すことを意味する．(1.12) 式で定義された $v(t)$ を関数 $x(t)$ の導関数といい，関数 $x(t)$ の導関数を求めることを，関数 $x(t)$ を**微分**するという．関数 $x(t)$ の導関数を $\dfrac{\mathrm{d}x}{\mathrm{d}t}$ と記す．

問 10　図 1.13 に示す x-t グラフを見て答えよ．

(1)　0 秒から 2.0 秒までの間の平均速度はいくらか．

(2)　$t = 2.0\,\mathrm{s}$ での瞬間速度はいくらか．

問 11　図 1.14 に示す x-t グラフを見て，次の問に答えよ．

(1)　時刻 t_A から時刻 t_C までの平均速度 $\bar{v}$ を図から求める方法を示せ．

(2)　時刻 t_A, t_B, t_C での速度 v_A, v_B, v_C と平均速度 $\bar{v}$ の 4 つの速度の中で最大のものはどれか．

(3)　4 つの速度 $v_A, v_B, v_C, \bar{v}$ の中で最小のものはどれか．

(4)　4 つの速度 $v_A, v_B, v_C, \bar{v}$ を大→小の順に並べよ．

問 12　図 1.15 は片側 2 車線の直線道路を走っている 2 台の自動車 A, B の x-t グラフである．次の文章は正しいかどうかを答えよ．

①　時刻 t_A で 2 つの自動車の速度は等しい．

②　時刻 t_A で 2 つの自動車の位置は等しい．

③　2 つの自動車は加速し続けている．

④　時刻 t_A の前のある時刻に，2 つの自動車の速度は等しくなる．

⑤　時刻 t_A の前のある時刻に，2 つの自動車の加速度は等しくなる．

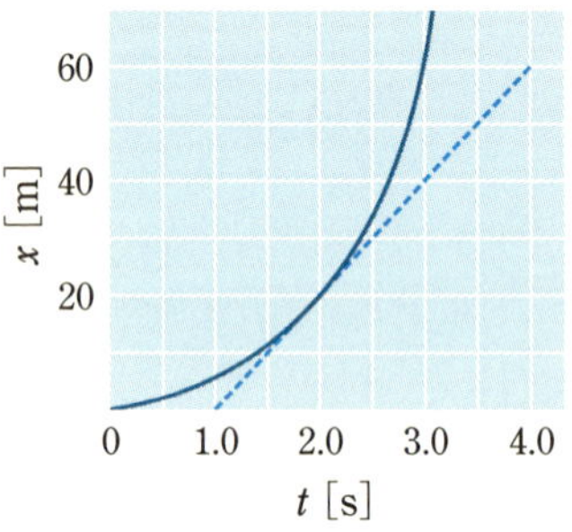

図 1.13

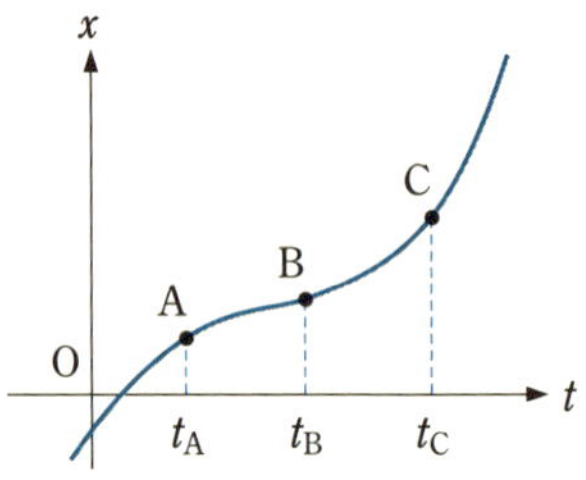

図 1.14

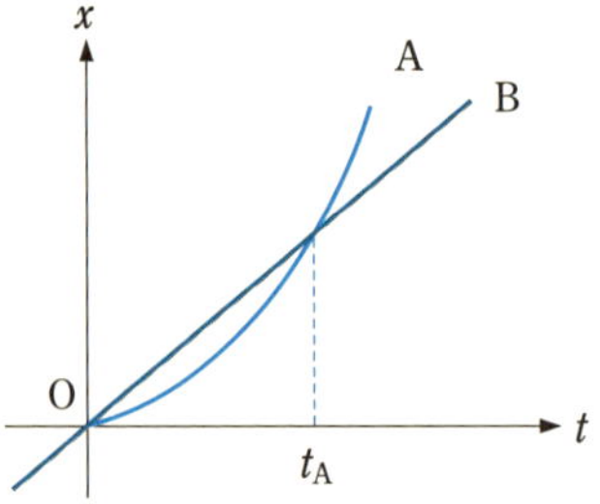

図 1.15

1.3 直線運動をする物体の加速度

平均加速度　自動車を運転していて，アクセルを踏んだり，ブレーキを踏んだりすると，速度が変化する．速度が時間とともに変化する割合が加速度で，加速度にも平均加速度（記号 $\bar{a}$）と瞬間加速度（加速度，記号 a）がある．

平均加速度は，速度の変化 Δv を時間 Δt で割った量である．時刻 t_1 に速度が v_1 であった物体が，時刻 t_2 に速度が v_2 になれば，時間 $\Delta t = t_2 - t_1$ の速度の変化が $\Delta v = v_2 - v_1$ なので，平均加速度は

$$\bar{a} = \frac{\Delta v}{\Delta t} = \frac{v_2 - v_1}{t_2 - t_1} \qquad \text{平均加速度} = \frac{\text{速度の変化}}{\text{時間}} \tag{1.13}$$

国際単位系での加速度の単位は，「速度の単位 m/s」÷「時間の単位 s」の $\mathrm{m/s^2}$ である．

例 4　静止していた自動車が発進し，10 秒間で速度が 10 m/s になると，

$$\bar{a} = \frac{(10\ \mathrm{m/s})-(0\ \mathrm{m/s})}{(10\ \mathrm{s})-(0\ \mathrm{s})} = \frac{10\ \mathrm{m/s}}{10\ \mathrm{s}} = 1.0\ \mathrm{m/s^2}$$

である．つまり，速度は 1 秒あたり 1.0 m/s の割合で増加する．

例 5　速度 20 m/s の自動車が 5 秒間で静止するときの平均加速度は

$$\bar{a} = \frac{(0\ \mathrm{m/s})-(20\ \mathrm{m/s})}{(5\ \mathrm{s})-(0\ \mathrm{s})} = \frac{-20\ \mathrm{m/s}}{5\ \mathrm{s}} = -4.0\ \mathrm{m/s^2}$$

である．つまり，速度は 1 秒あたりに 4.0 m/s の割合で減少する．

v-t グラフから物体の速度が変化する様子がわかる．(1.13) 式の平均加速度 $\bar{a} = \dfrac{\Delta v}{\Delta t}$ は，図 1.16 の v-t グラフの有向線分 $\overrightarrow{\mathrm{PP'}}$ の勾配に等しい．$\overrightarrow{\mathrm{PP'}}$ が右上りなら $\bar{a} > 0$，$\overrightarrow{\mathrm{PP'}}$ が右下がりなら $\bar{a} < 0$，$\overrightarrow{\mathrm{PP'}}$ が水平なら $\bar{a} = 0$ である．

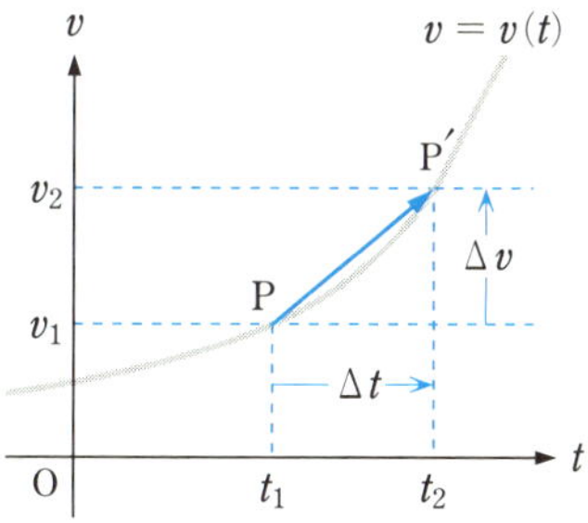

図 1.16

加速度（瞬間加速度）　**加速度**（瞬間加速度）a は，時間が限りなく短い場合の平均加速度であり，v-t グラフの接線の勾配に等しい．

例 6　図 1.17(a) は電車の速度が時間とともに変化する様子を表す v-t グラフである．出発直後の加速中と等速運転中と停車前の減速中は，加速度は一定で，

$$a = \frac{(24\ \mathrm{m/s})-(0\ \mathrm{m/s})}{(20\ \mathrm{s})-(0\ \mathrm{s})} = 1.2\ \mathrm{m/s^2}, \qquad 0\ \mathrm{s} < t < 20\ \mathrm{s}$$

$$a = \frac{(24\ \mathrm{m/s})-(24\ \mathrm{m/s})}{(120\ \mathrm{s})-(20\ \mathrm{s})} = \frac{0\ \mathrm{m/s}}{100\ \mathrm{s}} = 0\ \mathrm{m/s^2}, \qquad 20\ \mathrm{s} < t < 120\ \mathrm{s}$$

$$a = \frac{(0\ \mathrm{m/s})-(24\ \mathrm{m/s})}{(150\ \mathrm{s})-(120\ \mathrm{s})} = \frac{-24\ \mathrm{m/s}}{30\ \mathrm{s}} = -0.8\ \mathrm{m/s^2}, \qquad 120\ \mathrm{s} < t < 150\ \mathrm{s}$$

縦軸に加速度 a，横軸に時刻 t を選んだグラフを **a-t グラフ**という．例 6 の a-t グラフは図 1.17(b) のようになる．

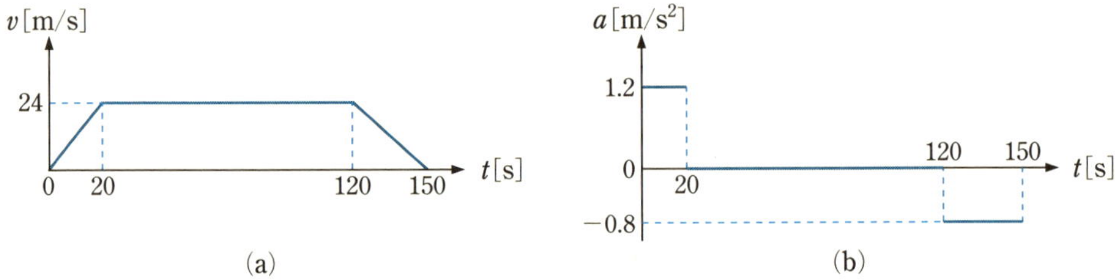

図 1.17

参考　加速度と 2 次導関数

時刻 t での加速度 $a(t)$は，数式で次のように表される．

$$a(t) = \lim_{\Delta t \to 0}\frac{\Delta v}{\Delta t} = \lim_{\Delta t \to 0}\frac{v(t+\Delta t)-v(t)}{\Delta t} \equiv \frac{\mathrm{d}v}{\mathrm{d}t} \tag{1.14}$$

加速度 $a(t)$ は，速度 $v(t)$ の導関数 $a(t) = \dfrac{\mathrm{d}v}{\mathrm{d}t}$ である，速度 $v(t)$は位置 $x(t)$ の導関数 $v(t) = \dfrac{\mathrm{d}x}{\mathrm{d}t}$ なので，加速度 a は

$$a = \frac{\mathrm{d}v}{\mathrm{d}t} = \frac{\mathrm{d}}{\mathrm{d}t}\left(\frac{\mathrm{d}x}{\mathrm{d}t}\right) \equiv \frac{\mathrm{d}^2x}{\mathrm{d}t^2} \qquad \text{つまり} \qquad a = \frac{\mathrm{d}^2x}{\mathrm{d}t^2} \tag{1.15}$$

と表される．導関数をもう 1 回微分して得られる導関数を **2 次導関数**（あるいは 2 階導関数）というので，加速度 $a(t)$ は位置 $x(t)$ の 2 次導関数である．

演習問題 1

1. 長さ，時間，速度，加速度の国際単位を記せ．

2. 距離 s を時間 t で移動した場合の速さを記せ．

3. 時間 Δt の間に速度が Δv だけ変化した場合の加速度を記せ．

4. 直線運動の場合の，速さと速度の違いを説明せよ．

5. x-t グラフの勾配は何を表すか．

6. v-t グラフの勾配は何を表すか．

7. 120 km 離れた 2 点間を 90 km/h でドライブする時間と 60 km/h でドライブする時間の差を求めよ．

8. 50 m/s，100 m/s，200 m/s はそれぞれ何 km/h か．

9. 東海道新幹線の「こだま」には，東京-新大阪を各駅に停車して，4 時間 12 分で走行するものがある．東京-新大阪間の距離を営業キロ数の 552.6 km として，この「こだま」の平均の速さを求めよ．速さの単位として，km/h と m/s の両方の場合を求めよ．

10. 自動車を運転しているとき，前方に子どもが飛び出すなどの緊急事態では急ブレーキを踏んで車を停止させる．時速 50 km で走っている車の運転手が危険を発見してからブレーキを踏むまでの時間（空走時間）が 0.5 秒だとする．この間に自動車が移動する距離（空走距離）を計算せよ．この距離は車が停止するまでの走行距離ではない．

11. マラソンコースの長さは 42.195 km であるが，近似して 42 km とする．

(1) このコースを 2 時間で走るときの平均の速さを求めよ．

(2) このコースを平均の速さ 5.0 m/s で走るときの時間を求めよ．

12. x 軸上を運動する物体の位置が図 1(a)～(d) に示されている．机の角の上で手を動かして，おのおのの場合を示してみよ．

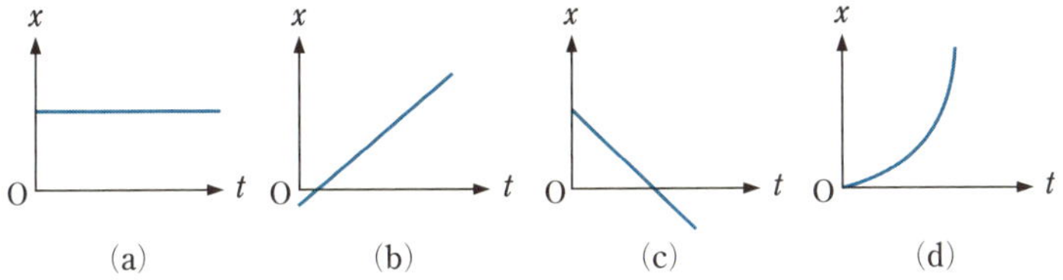

図 1

13. 停車していた電車が発車 30 秒後に速度が 18 m/s になった．平均加速度を求めよ．

14. ある「こだま」は駅を発車後，198 km/h の速さに達するまでは，速さが 1 秒あたり 0.25 m/s の割合で一様に加速される．速さが 198 km/h（= 55 m/s）になるまでの時間を計算せよ．

15. 直線道路を走っている自動車の速度が1秒ごとに3 m/sずつ増えている．加速度はいくらか．

16. 静止していた自動車が x 軸の負の方向に発進し，10秒間で秒速10 m，つまり，$v = -10$ m/sになるときの平均加速度 $\bar{a}$ を求めよ．

17. 5秒間に自転車の速度が0から10 m/sになり，同じ時間にトラックの速度が30 m/sから40 m/sになった．どちらの加速度が大きいか．

18. 直線運動には向きがあり，速度には正負の符号があるので，$\bar{a} < 0$ でも速さが減少するとは限らないし，$\bar{a} > 0$ でも速さが増加するとは限らないことを例で示せ．

「速さは単位時間あたりの移動距離」の「単位時間あたりの」とは何ですか？

「平均の速さ」=「移動距離」÷「時間」である．したがって，100 mを20 s(20秒)で走れば，平均の速さは5 m/sである．これは1秒あたりの移動距離が5 mの割合で走ることを意味する．つまり，(5 m/s)×(1 s) = 5 m，(5 m/s)×(2 s) =10 m，… である．90 kmを3 h(3時間)で走れば，平均の速さは30 km/hである．これは1時間あたりの移動距離が30 kmの割合で走ることを意味する．

このように，時間の単位として秒(s)を使うと平均の速さは「1秒あたりの…」となり，時間の単位として時(h)を使うと「1時(間)あたりの…」となる．そこで，「平均の速さは，単位時間あたりの移動距離である」という．仮に，平均の速さを「1秒あたりの移動距離」と定義すると，「1分あたりの移動距離」や「1時間あたりの移動距離」が排除されてしまい困るからである．

速さの単位m/s, km/hを表す日本語は「メートル毎秒」,「キロメートル毎時」であるが,「毎(まい)」は「あたり(ごと)」を意味する漢字である．

2

直線運動 2 —— 等加速度直線運動

第 1 章では，(1) 物体の直線運動の様子を表す重要な量として，物体の変位 (位置の変化)，速度，加速度の 3 つがあること，(2) これらの量が時間とともにどのように変化するのかを表す，x-t グラフ，v-t グラフ，a-t グラフの 3 つのグラフがあること，(3) 速度は位置の情報を表す x-t グラフから求められ，x-t グラフの接線の勾配で表されること，(4) 加速度は速度の情報を表す v-t グラフから求められ，v-t グラフの接線の勾配で表されること，(5) 接線の勾配を数式で表すのが微分係数と導関数であることなどを学んだ．

この章では，速度の情報から物体の変位を求める方法を学ぶ．速度が一定の等速直線運動では，速度 $= \dfrac{\text{変位}}{\text{時間}}$ なので，「変位」=「速度」×「時間」である．速度が時間とともに変化する場合には，物体の変位は v-t グラフの面積に等しいことを学ぶ．図形の面積を数式で表したものが定積分であることも学ぶ．

続いて，v-t グラフの面積から変位を求める方法を等加速度直線運動に適用する．等加速度直線運動は，加速度が一定なので，速度が一定の割合で増加あるいは減少する直線運動であり，発車直後や停止直前の乗り物の運動形態であるばかりでなく，物体を投げ上げたり，落下させるときの運動形態でもあるので，親しみ深い運動である．

2.1 直線運動をする物体の速度から変位を求める

等速直線運動の場合　一定の速度 v_0 で時刻 t_A から t_B まで運動するときの変位（位置の変化）$x_B - x_A$ は，速度 v_0 と時間 $t_B - t_A$ の積

$$x_B - x_A = v_0(t_B - t_A) \tag{2.1}$$

である．これは水平な直線の v-t グラフと横軸が囲む部分（図 2.1 の▒の部分）の面積に等しい．ただし，速度 v_0 が負の場合には，面積に負符号をつける．

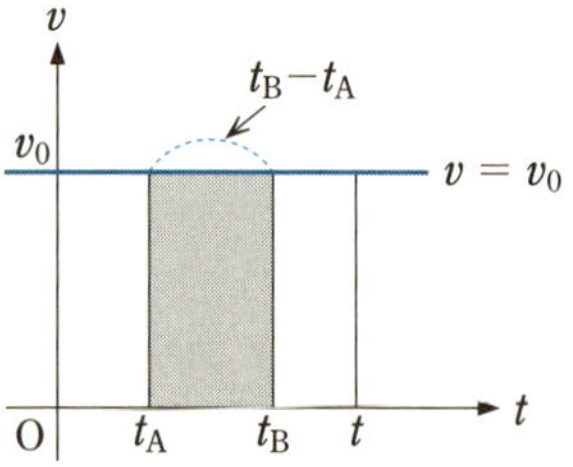

(a)　$v_0 > 0$ の場合

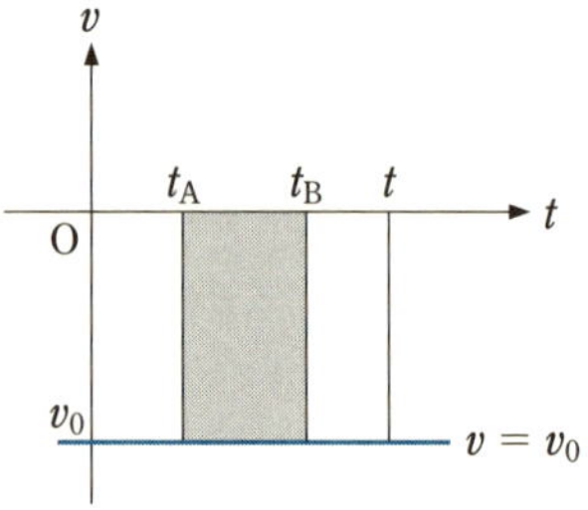

(b)　$v_0 < 0$ の場合

図 2.1　等速直線運動の速度と変位

速度が変化する場合　時刻 t_A から時刻 t_B までの変位 $x_B - x_A$ は，v-t グラフと横軸が囲む面積（図 2.2 の▒の部分の面積）に等しい．ただし，$v(t) < 0$ の部分の面積は負とする．なお，$x_A = x(t_A)$，$x_B = x(t_B)$ である．

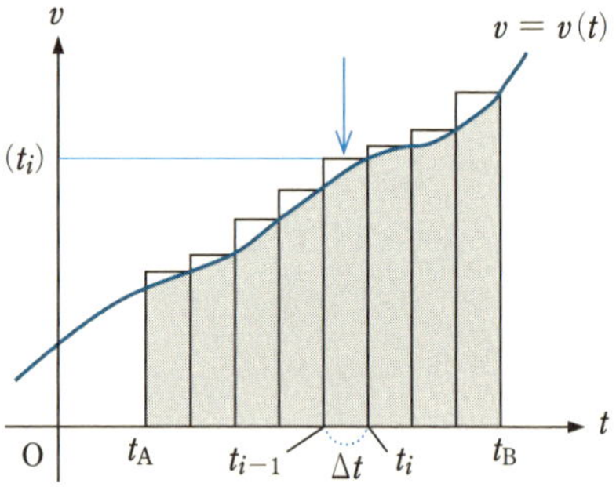

図 2.2　速度と変位

証明　変位 $x_B - x_A$ を求めるには，移動時間 $t_B - t_A$ を細かく N 等分して，各微小時間での微小変位を加え合わせればよい．時刻 $t_{i-1} = t_i - \Delta t$ から時刻 t_i までの微小時間 Δt での運動は，速度 $v(t_i)$ の等速直線運動だと近似的にみなせるので，微小変位 $\Delta x_i = x(t_i) - x(t_{i-1})$ は，近似的に，速度 $v(t_i)$ と時間 Δt の積

$$\Delta x_i \fallingdotseq v(t_i)\,\Delta t \tag{2.2}$$

で（A≒B は A と B が近似的に等しいことを示す），図 2.2 の矢印の下の細長い長方形の面積に等しい．したがって，変位 $x_B - x_A$ は N 個の長方形の面積の和

$$v(t_1)\,\Delta t + v(t_2)\,\Delta t + \cdots + v(t_N)\,\Delta t = \sum_{i=1}^{N} v(t_i)\,\Delta t \tag{2.3}$$

の N が無限に大きい極限での値，つまり，図 2.2 の▒の部分の面積に等しい．

上に記した変位 $x_B - x_A$ の計算の手順と結果を数学では次のように表す．

$$x_B - x_A = \lim_{N\to\infty} \sum_{i=1}^{N} v(t_i)\,\Delta t = \int_{t_A}^{t_B} v(t)\,dt \tag{2.4}$$

▒の面積を表す最後の辺を関数 $v(t)$ の $t = t_A$ から $t = t_B$ までの**定積分**という．

例 1 v-t グラフが図 2.3 の物体の $t = 0\,\mathrm{s}$ から $150\,\mathrm{s}$ までの移動距離 s は，

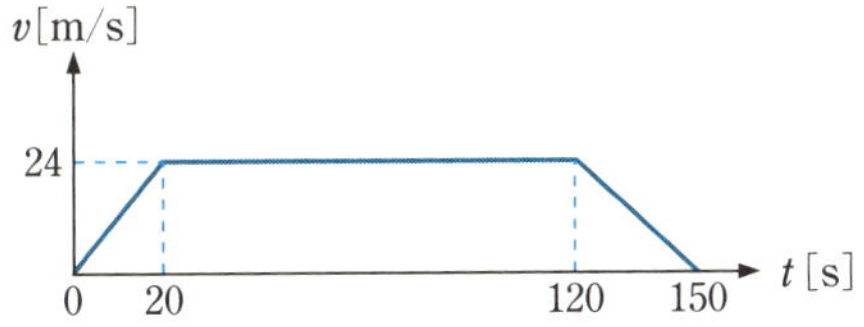

図 2.3

$$\begin{aligned} s &= \frac{1}{2}\times(24\,\mathrm{m/s})\times(20\,\mathrm{s}) \\ &\quad +(24\,\mathrm{m/s})\times(100\,\mathrm{s}) \\ &\quad +\frac{1}{2}\times(24\,\mathrm{m/s})\times(30\,\mathrm{s}) \\ &= (240\,\mathrm{m})+(2400\,\mathrm{m})+(360\,\mathrm{m}) = 3000\,\mathrm{m} \end{aligned}$$

同じようにして，加速度 $a(t)$ から速度の変化 $v_B - v_A$ を求めることができる．

$$v_B - v_A = \lim_{N\to\infty} \sum_{i=1}^{N} a(t_i)\,\Delta t = \int_{t_A}^{t_B} a(t)\,dt \tag{2.5}$$

参考　原始関数と定積分

微分すると $f(t)$ になる関数 $F(t)$，つまり，関係

$$\frac{dF}{dt} = f(t) \tag{2.6}$$

を満たす関数 $F(t)$ を $f(t)$ の**原始関数**という．関係 $\dfrac{dx}{dt} = v(t)$ を満たす $x(t)$ と $v(t)$ が (2.4) 式を満たすように，$F(t)$ が $f(t)$ の原始関数だとすると，

$$\int_{t_A}^{t_B} f(t)\,dt = F(t_B) - F(t_A) = [F(t)]_{t_A}^{t_B} \tag{2.7}$$

という関係が導かれる．これを**微分積分学の基本定理**という．

2.2 等加速度直線運動

等加速度直線運動　加速度が一定で，速度が一定の割合で変化している直線運動を**等加速度直線運動**という．一定の加速度を a とすると，時刻 $t=0$ から時刻 t までの時間 t での速度の変化は $v-v_0=at$ なので，時刻 t での速度 v は，

$$v = at+v_0 \qquad \text{（等加速度直線運動での速度）} \tag{2.8}$$

である，v_0 は時刻 $t=0$ での速度である．この等加速度直線運動の v-t グラフは，勾配が a の直線である（図 2.4）．図 2.4 の■のかかった台形の面積 $\frac{1}{2}(at+2v_0)t$ は，時刻 0 と t の間での物体の変位 $x-x_0$ を表すので，

$$x-x_0 = \frac{1}{2}at^2+v_0t \qquad \text{（等加速度直線運動での変位）} \tag{2.9}$$

である．したがって，時刻 t での物体の位置 x は

$$x = \frac{1}{2}at^2+v_0t+x_0 \qquad \text{（等加速度直線運動での位置）} \tag{2.10}$$

である．x_0 は時刻 0 での物体の位置である．

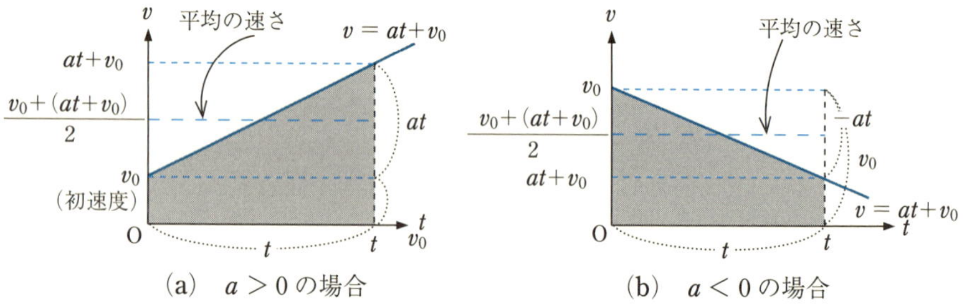

図 2.4　等加速度直線運動

初速度 v_0 が 0 の等加速度直線運動　時間 t が経過した後の速度 v と変位 x は

$$v = at \qquad \text{（}v_0=0\text{ の等加速度直線運動での速度）} \tag{2.11}$$

$$x = \frac{1}{2}at^2 \qquad \text{（}v_0=0\text{ で }x_0=0\text{ の等加速度直線運動での変位）} \tag{2.12}$$

である［図 2.5(a)］，(2.12) 式の両辺を $2a$ 倍して得られる式 $2ax=(at)^2$ と (2.11) 式 $at=v$ から，変位と速度の関係式が導かれる．

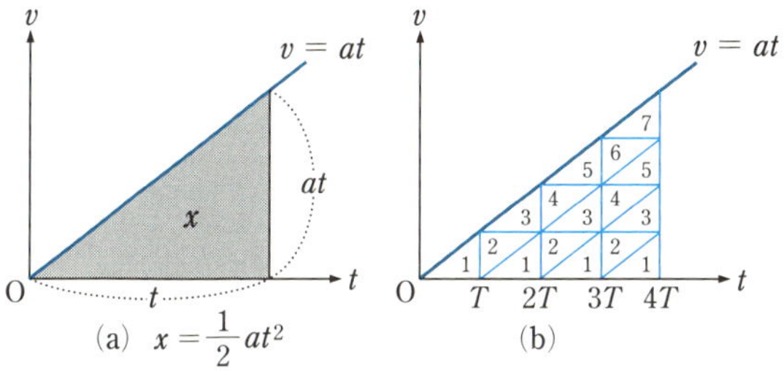

図 2.5

$$2ax = v^2 \quad (v_0 = 0 \text{ の等加速度直線運動での変位と速度の関係}) \tag{2.13}$$

図 2.5(b) を眺めると，初速度が 0 の等加速度直線運動では，一定時間 T ごとの移動距離の比は 1 : 3 : 5 : 7 : … という等比数列になることがわかる．

一定の加速度で減速して停止するまでの時間と移動距離　自動車のブレーキを踏んで停止させる場合のように，速度 v_0 ($v_0 > 0$) の物体が一定の加速度 $-b$ ($b > 0$) で一様に減速して停止する場合を考える．速度は

$$v = v_0 - bt \quad (\text{一定の加速度 } -b \text{ で減速する場合の速度}) \tag{2.14}$$

と表される (図 2.6)．速度 v が 0 になるまでの時間 t_1 は，$v = v_0 - bt_1 = 0$ から

$$t_1 = \frac{v_0}{b} \quad (\text{停止するまでの時間}) \tag{2.15}$$

である．停止するまでの移動距離 x は，図 2.6 の v-t グラフの三角形の面積，

$$x = \frac{1}{2}v_0 t_1 = \frac{{v_0}^2}{2b} = \frac{1}{2}b{t_1}^2 \quad (\text{停止するまでの移動距離}) \tag{2.16}$$

である．

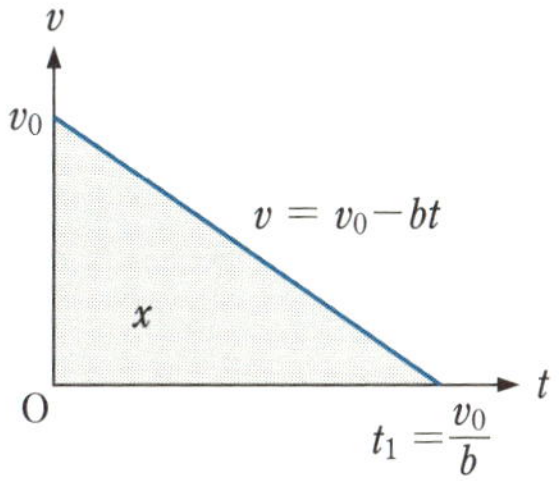

図 2.6　移動距離 $x = \frac{1}{2}b{t_1}^2$

問 1　速度 $v_0 = 30$ m/s の車が一様に減速して $x = 100$ m 走って停止するときの加速度 $-b$ を求めよ．ヒント：(2.16) 式から導かれる式 $2bx = {v_0}^2$ を使え．

2.3 重力加速度

自由落下と重力加速度 手で石をつかみ，てのひらを静かに開くと石は真下に落下する．空気抵抗が無視できるときの初速度 0 の落下運動を**自由落下**という．図 2.7 は金属球の自由落下を $\frac{1}{30}$ 秒ごとに光をあてて写したストロボ写真である．球の像の間隔を測定すると，$\frac{1}{30}$ 秒ごとの落下距離の比は 1 : 3 : 5 : 7 : 9 : … の割合で増加していることがわかる．したがって，図 2.5(b) を参照すると，自由落下運動は等加速度直線運動であることがわかる．

真空容器の中では羽毛も金属片も同じ速さでいっしょに落下する事実からわかるように，空気抵抗が無視できるときには，同じ高さから同時に自由落下させたすべての物体は同時に地面に落下し，しかも，落下運動の加速度は一定で，大きさはほぼ $9.8\ \mathrm{m/s^2}$ である．物体は地球の重力によって落下するので，重力による鉛直下向きの加速度を**重力加速度**といい，記号 g で表す．

$$g = 9.8\ \mathrm{m/s^2} \quad \text{（重力加速度）} \tag{2.17}$$

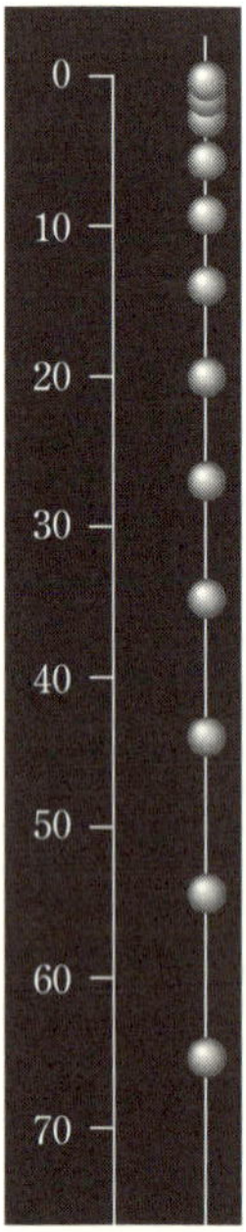

図 2.7 自由落下のストロボ写真．物差しの目盛は cm

自由落下で落下時間が t のときの速度 v と落下距離 x は，初速度 0 の等加速度直線運動の (2.11) 式と (2.12) 式の加速度 a を g とおいたものである（図 2.8）．

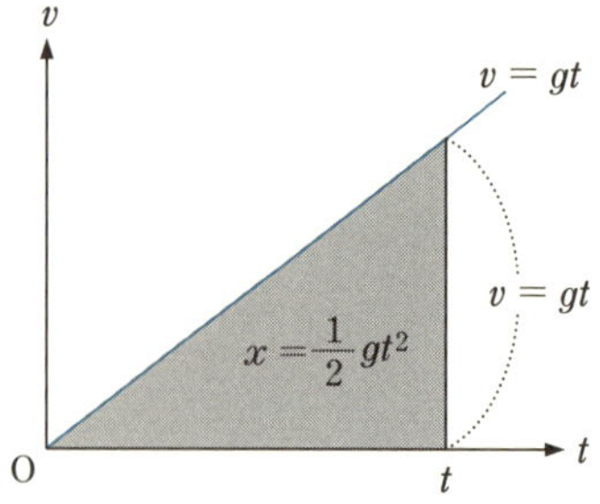

図 2.8 自由落下距離 $x = \frac{1}{2}gt^2$

$$v = gt \quad \text{（自由落下速度）} \tag{2.18}$$

$$x = \frac{1}{2}gt^2 \quad \text{（自由落下距離）} \tag{2.19}$$

問 2　簡単のために g を $10\ \mathrm{m/s^2}$ と近似して，落下時間が 1 s，2 s，3 s，4 s での落下速度と落下距離を求めよ．

問 3　高さが 122.5 m の塔から物体を落とした．地面に届くまでの時間と地面に到着直前の速さを求めよ．空気の抵抗は無視できるものとする．

問 4　図 2.7 のストロボ写真のいちばん下の球のデータは $t = \frac{11}{30}$ s で $x = 0.65$ m，その上の球のデータは $t = \frac{10}{30}$ s で $x = 0.54$ m である．(2.19) 式から導かれる式の $g = \frac{2x}{t^2}$ を使って，重力加速度 g を計算せよ．

神経の反応時間　自由落下を使って神経の反応時間を測定できる．図 2.9 のように，学生 A が千円札の上端を指ではさみ，学生 B が千円札の下端付近で親指と人指し指を開いている．A が指を開き，千円札が落下しはじめたのに B が気付いた瞬間に B が指を閉じて千円札をつかむまでの千円札の落下距離 x から，B の神経の反応時間 t が (2.19) 式を使って計算できる．

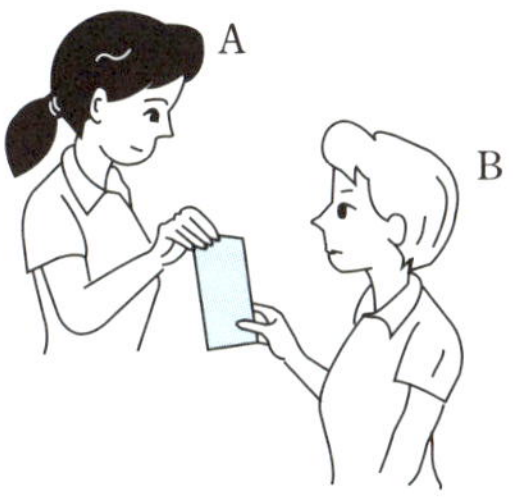

図 2.9　神経の反応時間

落下距離 x が 16 cm = 0.16 m だとする．$x = 0.16$ m と $g = 9.8\ \mathrm{m/s^2}$ を (2.19) 式に代入すると

$$x = \frac{1}{2}gt^2 \Longrightarrow 0.16\ \mathrm{m} = \frac{1}{2}\times(9.8\ \mathrm{m/s^2})t^2 \Longrightarrow t = \sqrt{\frac{2\times(0.16\ \mathrm{m})}{9.8\ \mathrm{m/s^2}}} = 0.18\ \mathrm{s}$$

となるので，反応時間 t は 0.18 秒である．

問 5　時速 36 km で自動車を運転中に，子供が車道に飛び出してくるのを見つけた．神経が反応するのに 0.18 秒かかるとすると，その間に車は何 m 進むか．なお事故を避けるには，ブレーキを踏むまでの走行距離以外にブレーキを踏んでから車が停止するまでの走行距離も考慮しなければならない．

鉛直投げ上げ　石を真上に速度 v_0 で投げ上げると，下向きに働く重力のために，1 秒あたり 9.8 m/s の割合で石の上昇速度 v は減少する．鉛直上向きを x 軸の正の向きに選ぶと (図 2.10)，投げ上げてから時間 t が経過した後の石の速度 v は，

$$v = v_0 - gt \qquad (g\text{ は重力加速度 } 9.8\ \mathrm{m/s^2}) \tag{2.20}$$

と表される．図 2.11 に鉛直投げ上げ運動の v-t グラフを示す．

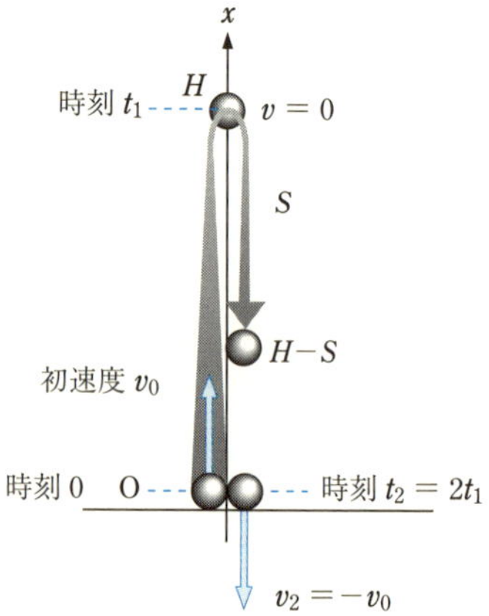

図 2.10　鉛直投げ上げ運動

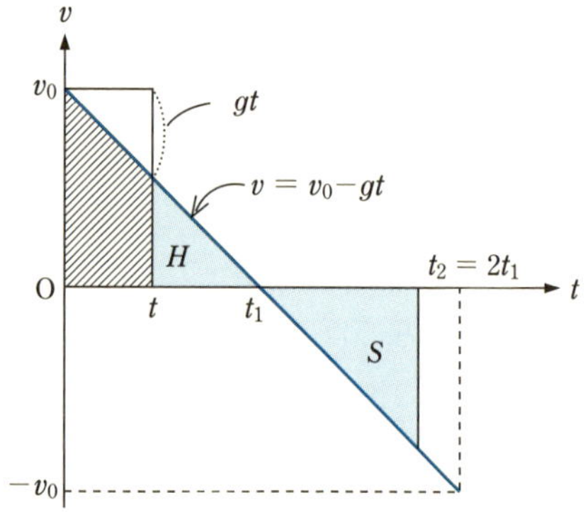

図 2.11　鉛直投げ上げ運動の v-t グラフ

投げてから時間 t が経過した後の石の高さ x は，v-t グラフの斜線部の面積 (長方形の面積 $v_0 t$ から右上の三角形の面積 $\frac{1}{2}gt^2$ を引いた面積) である．

$$x(t) = v_0 t - \frac{1}{2}gt^2 \qquad (\text{石の高さ}) \tag{2.21}$$

上昇速度が 0 になる，つまり $v_0 - gt_1 = 0$ になる，最高点への到達時刻 t_1

$$t_1 = \frac{v_0}{g} \qquad (\text{最高点の到達時刻}) \tag{2.22}$$

までは $v > 0$ なので，石は上昇し続ける．

時間 t_1 が経過した瞬間には石の上昇速度は 0 になり，石は高さ H

$$H = \frac{1}{2}v_0 t_1 = \frac{{v_0}^2}{2g} \qquad (\text{最高点の高さ}) \tag{2.23}$$

の最高点にある．最高点では速度は 0 であるが，加速度は 0 ではなく $-g$ である．

(2.22) 式を使って，(2.23) 式から v_0 を消去すると，

$$H = \frac{1}{2} g{t_1}^2 \tag{2.24}$$

という式が得られるが，この式は最高点までの到達時間は最高点から地面 $(x=0)$ までの自由落下時間に等しいことを示す．

最高点に到達後の $t > t_1$ の場合には (2.20) 式の石の速度 v はマイナスになるが，これは石が落下状態にあり，石の運動方向が鉛直下向きであることを示す．$t > t_1$ での石の高さ x は，最高点までの上昇距離 H と最高点からの落下距離 S の差なので，$x = H - S$ である．最高点までの上昇距離 H と最高点からの落下距離 S が等しくなる時刻 t_2

$$t_2 = 2t_1 = \frac{2v_0}{g} \quad \text{（地面への落下時刻）} \tag{2.25}$$

に石は地面 $(x=0)$ に落下する．着地直前の石の速度は $v_0 - gt_2 = -v_0$，すなわち投げ上げたときと同じ速さで落ちてくる．

問 6　図 2.11 の v-t 図をみて，時間 $0 < t < t_1$，$t = t_1$，$t_1 < t < t_2$ での石の運動の向きを言葉で説明せよ．

問 7　初速度 20 m/s で真上に投げ上げれば，最高点の高さは約何 m か．何秒後に地面に落下するか．簡単のために，$g = 10\ \mathrm{m/s^2}$ とせよ．

問 8　次の問に答えよ．

(1)　初速度が 2 倍になれば，最高点への到達時間は何倍になるか．

(2)　初速度が 2 倍になれば，最高点の高さは何倍になるか．

(3)　最高点の高さを 2 倍にするには，初速度を何倍にしなければならないか．

問 9　高い塔の上から石を，(1) 鉛直に投げ上げた場合，(2) 自由落下させた場合，(3) 真下に投げ下ろした場合，v-t グラフは図 2.12 の A, B, C のどれか．

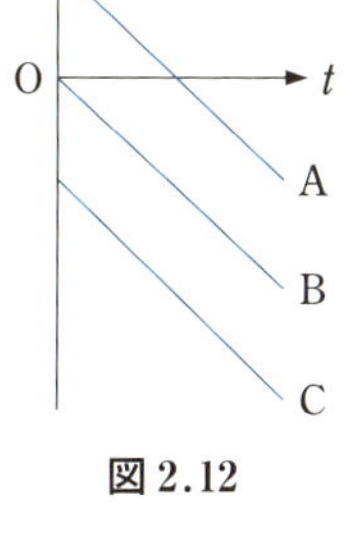

図 2.12

参考　積分法を使って等加速度直線運動を調べる

加速度 a の等加速度直線運動を表す方程式は，加速度が a だという式である．

$$\frac{d^2x}{dt^2}=a \quad \text{あるいは} \quad \frac{dv}{dt}=a \quad (a\text{は定数}) \tag{2.26}$$

加速度と速度の関係 (2.5) で $t_A=0$，$t_B=t$，$v_A=v(0)=v_0$，$v_B=v(t)$，$a(t)=a$ とおくと，

$$v(t)-v_0=\int_0^t a\,dt \tag{2.27}$$

が得られる．at は a の原始関数なので $\left(\frac{d(at)}{dt}=a\right)$，微分積分学の基本定理 (2.7) によって $\int_0^t a\,dt=[at]_0^t=at$ である．この結果と (2.27) 式から，時刻 t での速度 $v(t)$ は次のように表される．

$$v(t)=at+v_0 \tag{2.28}$$

この式は等加速度直線運動の速度の式 (2.8) と同じ式であるが，(2.8) 式では時刻 t での速度 $v(t)$ を v という記号で表している．

速度と変位の関係 (2.4) 式で $t_A=0$，$t_B=t$，$x_A=x(0)=x_0$，$x_B=x(t)$ とおいて，$v(t)$ として (2.28) 式を代入し，$\frac{d}{dt}\left(\frac{1}{2}at^2+v_0t\right)=at+v_0$ なので $\frac{1}{2}at^2+v_0t$ は $at+v_0$ の原始関数であることを使うと，微分積分学の基本定理 (2.7) によって，時間 t での変位 $x(t)-x_0$ の式

$$x(t)-x_0=\int_0^t (at+v_0)\,dt=\left[\frac{1}{2}at^2+v_0t\right]_0^t=\frac{1}{2}at^2+v_0t \tag{2.29}$$

が得られる．この式は等加速度直線運動の変位の式 (2.9) と同じ式であるが，(2.9) 式では時刻 t での位置 $x(t)$ を x という記号で表している．

演習問題 2

1. 初速度が 0，加速度が a の等加速度直線運動で，時間 t が経過した後の速さを v，変位を x とすると，① $v = at$，② $x = \frac{1}{2}at^2$，③ $2ax = v^2$ などの関係がある．加速度が a，離陸するために必要な速さが v のジェット機が離陸するのに必要な距離 x を求める場合，どの関係を使えばよいか．

2. 初速度 v_0 の物体が一定の加速度 $-b$ で減速して，距離 x 移動して，時間 t_1 が経過した後に停止する場合

① $v_0 = bt_1$　② $2bx = {v_0}^2$　③ $2x = v_0t_1$　④ $2x = b{t_1}^2$

などの関係がある．速度が 20 m/s の車が一様に減速して 100 m 走って停止するための加速度 $-b$ を求める場合，どの関係を使えばよいか．

3. 自由落下では，落下時間が t の場合，落下速度は $v = gt$ で，落下距離は $x = \frac{1}{2}gt^2$ である．

(1)　t が 3 倍になれば，x は何倍になるか．

(2)　x が 4 倍になれば，t は何倍になるか．

4. 自由落下の落下時間が t の場合，落下速度は $v = gt$ で，落下距離は $x = \frac{1}{2}gt^2$ である．平均速度を求めよ．

5. 高さ 78.4 m から物体を落とした．地面に届くまでの時間と地面に到着直前の速さを求めよ．空気の抵抗は無視できるものとする．

6. 屋上から地面に金属球を自由落下させたら，落下時間は 3.0 秒だった．空気の抵抗は無視できるものとして，次の問に答えよ．

(1)　地上に到達直前の金属球の速さを求めよ．

(2)　屋上の高さを求めよ．

(3)　金属球が落下する平均の速さを求めよ．

7. ある「こだま」は駅を発車後，198 km/h の速さに達するまでは，速さが 1 秒あたり 0.25 m/s の割合で一様に加速される．速さが 198 km/h = 55 m/s になるまでの時間とそれまでの走行距離を計算せよ．

8. ジェット機が滑走路に進入速度 v_0 = 80 m/s = 288 km/h で進入し，一様に減速して 50 秒間で静止した．このときの平均加速度と着陸距離を求めよ．

9. 性能のよいブレーキとタイヤのついたある自動車では，ブレーキをかけると，約 7 m/s^2 で減速できる．時速 100 km で走っていたこの自動車が停止するまでに，どのくらい走行するか．

10. 時速 210 km で走行中の新幹線が非常ブレーキをかけると，停車までに約 2.5 km 走るとされている．非常ブレーキをかけてから停止するまでにどのくらいの時間走り続けるか．等加速度運動と仮定せよ．

11. 石を真上に投げ上げた．次の問に答えよ．

(1) 最高点での速度はいくらか．

(2) 最高点での加速度はいくらか．

12. 香港にある高さが 338 m のマカオタワーでは 233 m の高さのところからパンジージャンプができる．ゴムの弾性力が作用するまでは，体重の重い人と軽い人のどちらが早く落下するか

13. 小さな魚が池の水面から 50 cm 上まで跳ね上がった．水面から跳びだしたときの速さを求めよ．

14. 壁のそばで，片手を上に伸ばしながらジャンプしたら，地面に立っているときに比べて，手の先は 1 m 上まで届いた．滞空時間は何秒か．

15. ボールを真上に投げた．ボールの v-t グラフは図 1 のどれか．上向きを正として答えよ．ただし，空気の抵抗は無視できるものとする．

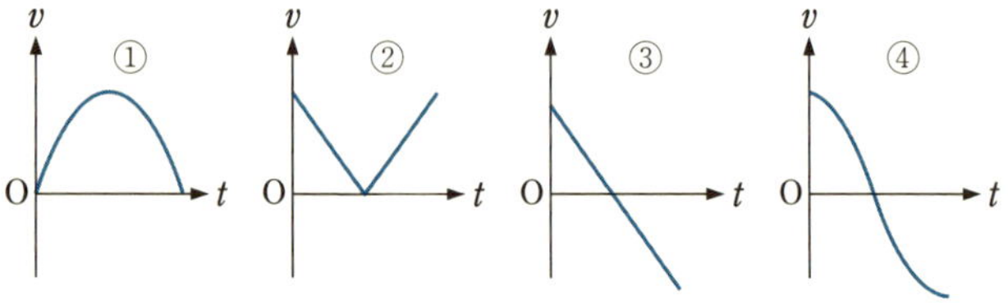

図 1

16. 初速度 20 m/s で真上に投げ上げれば，高さが 15 m になるのは何秒後か．そのときの速度はいくらか．簡単のために，$g = 10\ \mathrm{m/s^2}$ とせよ．解は 2 つあることに注意せよ．

17. 横浜のランドマークタワーに 2 階から 69 階の展望台までを 38 秒で走行するエレベーターがある．出発してから最初の 16 秒間は一定の割合で速度が増加し，最高速度の 12.5 m/s に達した後，6 秒間は等速運動する．その後 16 秒間は一定の割合で速度が減少していき，69 階に到着する．上向きを $+x$ 方向として，

(1) エレベーターの v-t グラフを描け．

(2) エレベーターの加速度を求めよ．

(3) エレベーターの移動距離を計算せよ．

3 平面運動とベクトル

第1章と第2章では運動の向きが変化しない直線運動の表し方を学んだ．

この章では，カーブを走っている自動車の運動のような，平面上での運動なので，平面運動とよばれる運動の表し方を学ぶ．

平面上の物体の位置は位置ベクトル $\boldsymbol{r}$ によって表され，速さや向きを変える運動の様子は速度 $\boldsymbol{v}$ と加速度 $\boldsymbol{a}$ によって記述される．速度 $\boldsymbol{v}$ は，速さ v を大きさとし，運動方向を向いた量である．物体の速さや運動方向が変わる原因になる力 $\boldsymbol{F}$ も大きさと向きをもつ量である．

高校数学では，ベクトルとよばれる大きさと方向をもつ量を学んだ．

本章では，まず，ベクトルの基本的な性質を学ぶ．

つづいて，平面上の物体の位置の表し方を学び，平面運動での速度と加速度を学ぶ．

直線運動の場合と同じように，平面運動でも加速度 $\boldsymbol{a}$ は速度 $\boldsymbol{v}$ の変化を時間で割ったもの（時間変化率）である．ところで，直線運動では速さが変わらなければ加速度は $\boldsymbol{0}$ である．しかし，平面運動の場合には，物体の速さが変化しなくても運動の向きが変化すれば速度 $\boldsymbol{v}$ は変化するので，加速度 $\boldsymbol{a}$ は $\boldsymbol{0}$ でない．自動車でアクセルを踏む，ブレーキをかける，ハンドルを回す際には，それぞれどのような向きの加速度が生じるのかを説明できるようになることは，この章の重要な目標の1つである．

最後に，平面運動の代表的な例の1つである放物運動を学ぶ．

本章では簡単のために，xy 平面上の平面運動を考える．したがって，本章に現れるすべてのベクトルの z 軸方向の成分は0なので，省略する．

3.1 ベクトル

ベクトルとスカラー　物理量にはベクトル量とスカラー量がある．

ベクトルは**大きさ**と**方向**をもつ量である．本書には，位置ベクトル，速度，加速度，力などのベクトル量が現れる．

スカラーは大きさをもつが方向をもたない量である．本書には，質量，エネルギー，仕事などのスカラー量が現れる．

ベクトルの表し方　高校ではベクトルを，$\vec{A}$ のように，矢印が上についたローマ字で表すが，本書ではベクトルを，$\boldsymbol{A}$ のように，太文字のローマ字で表し，大きさを $|\boldsymbol{A}|$ あるいは A と記す．

ベクトルを図3.1のように，矢印を使って図示する．矢印の長さが大きさを表し，矢印の向きが方向を表す．

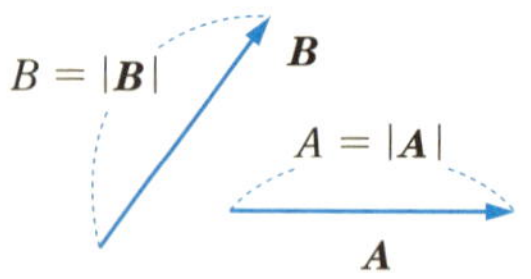

図 3.1　ベクトル $\boldsymbol{A}, \boldsymbol{B}$

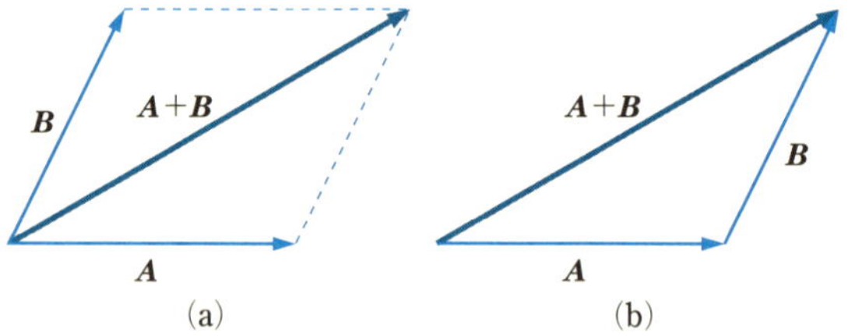

図 3.2　$\boldsymbol{A}+\boldsymbol{B}$

ベクトルの和　2つのベクトル $\boldsymbol{A}$ と $\boldsymbol{B}$ の和（足し算）

$$\boldsymbol{A}+\boldsymbol{B}$$

は，$\boldsymbol{A}$ と $\boldsymbol{B}$ を相隣る2辺とする平行四辺形の対角線である［図3.2(a)］．これを平行四辺形の規則という．$\boldsymbol{A}+\boldsymbol{B}$ は，ベクトル $\boldsymbol{B}$ を平行移動して，ベクトル $\boldsymbol{B}$ の始点をベクトル $\boldsymbol{A}$ の終点に一致させたときに，ベクトル $\boldsymbol{A}$ の始点を始点としベクトル $\boldsymbol{B}$ の終点を終点とするベクトルと定義することもできる［図3.2(b)］．

$$\boldsymbol{A}+\boldsymbol{B} = \boldsymbol{B}+\boldsymbol{A} \tag{3.1}$$

が成り立つ．

ベクトルのスカラー倍　k を任意のスカラー，$\boldsymbol{A}$ を任意のベクトルとすると，$k\boldsymbol{A}$ は，大きさがベクトル $\boldsymbol{A}$ の大きさ $|\boldsymbol{A}|$ の $|k|$ 倍で，$k>0$ なら $\boldsymbol{A}$ と同じ向き，$k<0$ なら $\boldsymbol{A}$ と逆向きのベクトルである（図 3.3）．$-\boldsymbol{A}=(-1)\boldsymbol{A}$ は，$\boldsymbol{A}$ と同じ大きさをもち，$\boldsymbol{A}$ と逆向きのベクトルである．大きさが 0 のベクトルを**零**（ゼロ）**ベクトル**とよび，$\boldsymbol{0}$ と記す（図 3.4）．

ベクトル $\boldsymbol{A}$ からベクトル $\boldsymbol{B}$ を引き算した $\boldsymbol{A}-\boldsymbol{B}$ を求めるには，ベクトル $\boldsymbol{B}$ の -1 倍の $-\boldsymbol{B}$ とベクトル $\boldsymbol{A}$ の和を求めればよい（図 3.5）．

$$\boldsymbol{A}-\boldsymbol{B}=\boldsymbol{A}+(-\boldsymbol{B}) \tag{3.2}$$

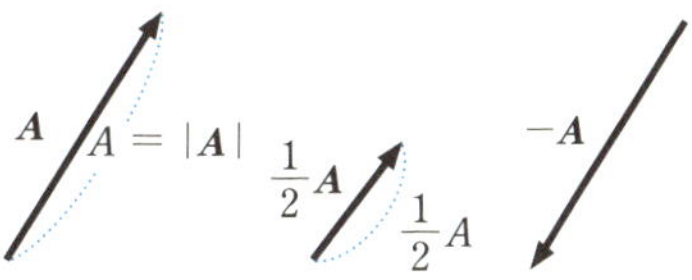

図 3.3　ベクトル $\boldsymbol{A}$ のスカラー倍　$k\boldsymbol{A}$

図 3.4　$\boldsymbol{0}$

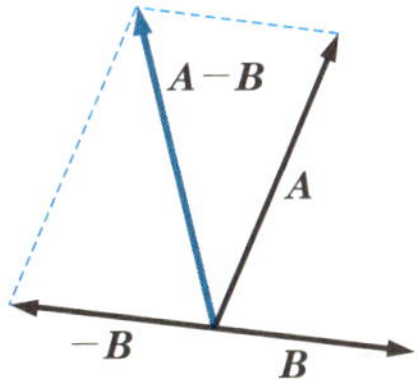

図 3.5　$\boldsymbol{A}-\boldsymbol{B}=\boldsymbol{A}+(-\boldsymbol{B})$

問 1　図 3.5 の $\boldsymbol{A},\boldsymbol{B}$ に対する，$2\boldsymbol{A}$，$3\boldsymbol{B}$，$2\boldsymbol{A}+3\boldsymbol{B}$，$2\boldsymbol{A}-3\boldsymbol{B}$ を図示せよ．

3 つのベクトルの和　3 つのベクトル $\boldsymbol{A},\boldsymbol{B},\boldsymbol{C}$ の和

$$\boldsymbol{A}+\boldsymbol{B}+\boldsymbol{C}$$

を求めるには，まず $\boldsymbol{A}+\boldsymbol{B}$ を平行四辺形の規則を使って求め，つぎに，$\boldsymbol{A}+\boldsymbol{B}$ と $\boldsymbol{C}$ の和を，平行四辺形の規則を使って求めればよい．まず $\boldsymbol{B}+\boldsymbol{C}$ を求め，つぎに $\boldsymbol{A}$ と $\boldsymbol{B}+\boldsymbol{C}$ の和を求めても同じ結果が得られる（図 3.6）．

4 つ以上のベクトルの和も，同じようにして求められる．

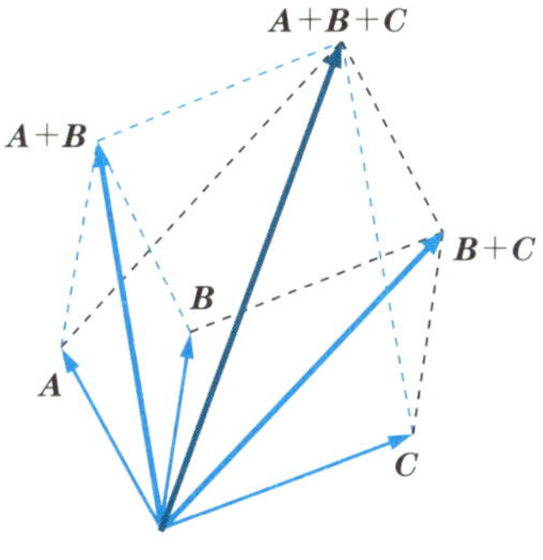

図 3.6　$\boldsymbol{A}+\boldsymbol{B}+\boldsymbol{C}$

3.2 直交座標系とベクトル

ベクトルの成分　ベクトル量を定量的に取り扱うには直交座標系を導入する．図 3.7(a) に示すように，xy 平面上のベクトル $\boldsymbol{A}$ の大きさと向きは，ベクトル $\boldsymbol{A}$ の x 成分 A_x と y 成分 A_y によって指定されるので，ベクトル $\boldsymbol{A}$ を，

$$\boldsymbol{A} = (A_x, A_y) \tag{3.3}$$

と表せる．図 3.7(b) のように，

$$\boldsymbol{A} = \boldsymbol{A}_x + \boldsymbol{A}_y \tag{3.4}$$

を満たす 2 つのベクトル $\boldsymbol{A}_x$ と $\boldsymbol{A}_y$ もベクトル $\boldsymbol{A}$ の x 成分，y 成分という．

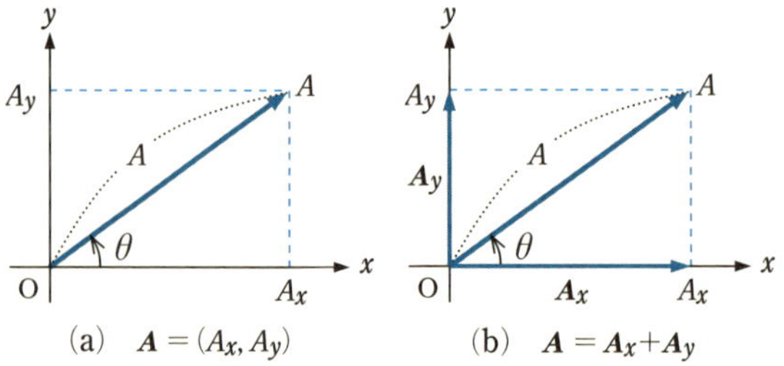

図 3.7

ピタゴラスの定理（3 平方の定理）$A^2 = A_x{}^2 + A_y{}^2$ を使うと，ベクトル $\boldsymbol{A}$ の大きさ（長さ）$A = |\boldsymbol{A}|$ は次のように表される．

$$A = |\boldsymbol{A}| = \sqrt{A_x{}^2 + A_y{}^2} \tag{3.5}$$

ベクトル $\boldsymbol{A}$ と $+x$ 軸のなす角を θ とすると，

$$\cos\theta = \frac{A_x}{A}, \qquad \sin\theta = \frac{A_y}{A} \tag{3.6}$$

なので，$\boldsymbol{A}$ の x 成分と y 成分は

$$A_x = A\cos\theta, \qquad A_y = A\sin\theta \tag{3.7}$$

と表される［図 3.7(a)］．

2 つのベクトル $\boldsymbol{A} = (A_x, A_y)$ と $\boldsymbol{B} = (B_x, B_y)$ の和 $\boldsymbol{A}+\boldsymbol{B}$ の成分は，

$$\boldsymbol{A}+\boldsymbol{B} = (A_x+B_x, A_y+B_y) \tag{3.8}$$

のように，ベクトルの成分の和であることが図 3.8 を見ればわかる．

ベクトル $\boldsymbol{A}$ にスカラー k を掛けた $k\boldsymbol{A}$ を成分で表すと，成分も k 倍された

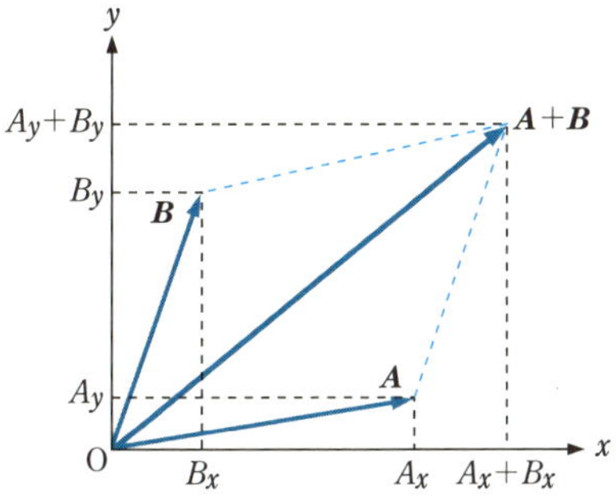

図 3.8　$\boldsymbol{A}+\boldsymbol{B}=(A_x+B_x, A_y+B_y)$

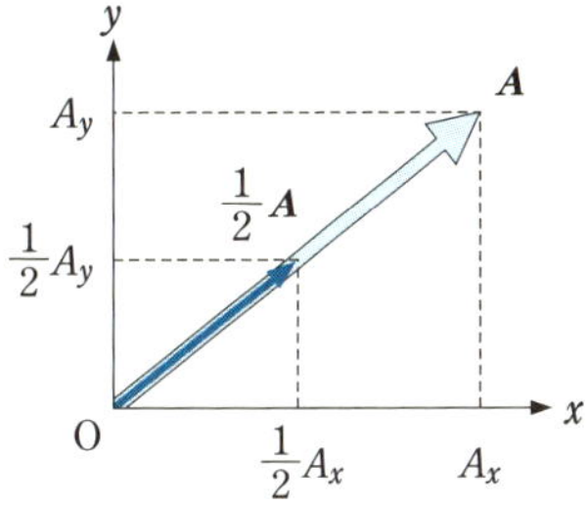

図 3.9　$\frac{1}{2}\boldsymbol{A}=\left(\frac{1}{2}A_x,\ \frac{1}{2}A_y\right)$

$$k\boldsymbol{A}=(kA_x, kA_y) \qquad (3.9)$$

である（図 3.9）.

例 1　図 3.10 の 2 つのベクトル $\boldsymbol{A}=(1,2)$ と $\boldsymbol{B}=(2,1)$ の和 $\boldsymbol{A}+\boldsymbol{B}$ は

$$\boldsymbol{A}+\boldsymbol{B}=(1+2, 2+1)=(3,3)$$

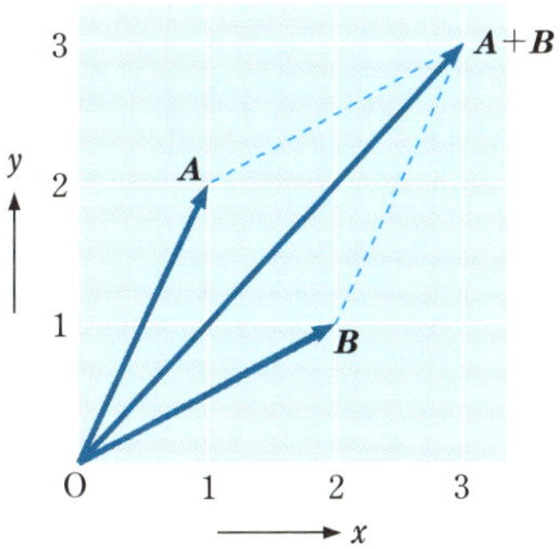

図 3.10

参考　3 次元ベクトル

本書では，直線運動と平面運動だけを扱う．しかし，一般の運動は立体的なので，x 方向と y 方向の他に z 方向も考えなければならない．図 3.11 のベクトル $\boldsymbol{A}$ の大きさと向きは，ベクトル $\boldsymbol{A}$ を表す矢印の終点の座標 A_x, A_y, A_z によって指定されるので，ベクトル $\boldsymbol{A}$ は次のように表される．

$$\boldsymbol{A}=(A_x, A_y, A_z) \qquad (3.10)$$

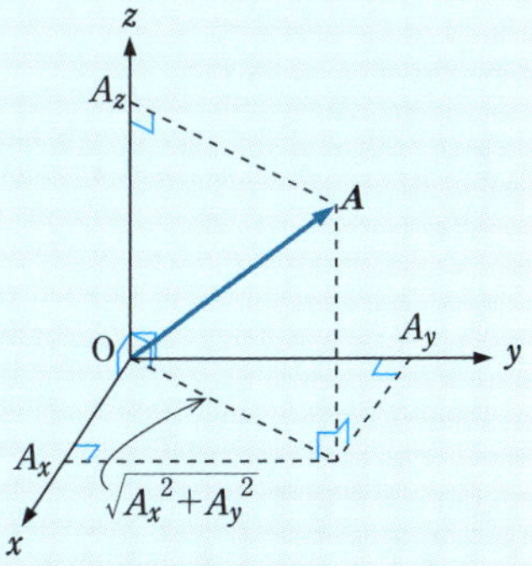

図 3.11　直交座標系とベクトル $\boldsymbol{A}=(A_x, A_y, A_z)$

3.3 位置ベクトルと速度

位置ベクトル　物体の位置は，原点Oを始点とし物体の位置Pを終点とする**位置ベクトル $\boldsymbol{r}$** によって表される（図3.12）．物体の位置は運動によって変わるので，時刻 t の位置ベクトルを $\boldsymbol{r}(t)$ と記す．

平面運動の位置ベクトルは，x 成分と y 成分を使って

$$\boldsymbol{r} = (x, y) \tag{3.11}$$

と表される．

原点Oと物体Pの距離は

$$r = |\boldsymbol{r}| = \sqrt{x^2 + y^2} \tag{3.12}$$

である．位置ベクトル $\boldsymbol{r}$ の x 成分と y 成分は，$\boldsymbol{r}$ が $+x$ 軸となす角 θ を使って，

$$x = r\cos\theta, \qquad y = r\sin\theta \tag{3.13}$$

と表せる（図3.12）．

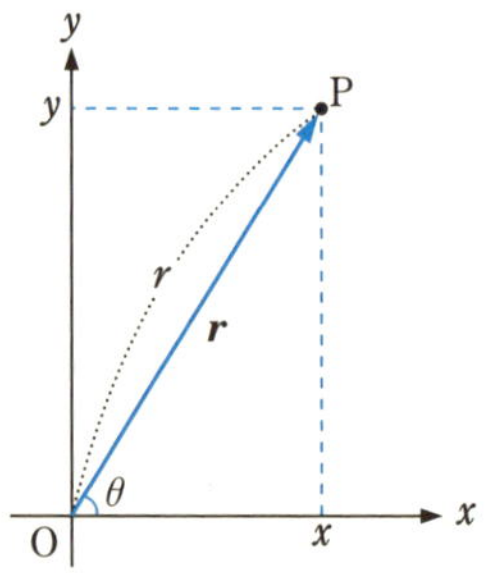

図 3.12　位置ベクトル $\boldsymbol{r}$

変位　時刻 t_1 に位置ベクトルが $\boldsymbol{r}_1 = (x_1, y_1)$ の点Pにいた物体が，時刻 t_2 に位置ベクトルが $\boldsymbol{r}_2 = (x_2, y_2)$ の点P′に移動したとすると（図3.13）．点Pを始点とし，点P′を終点とするベクトル

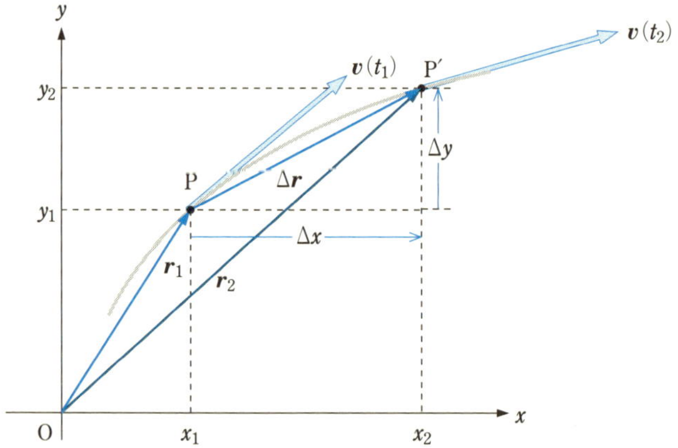

図 3.13　時刻 t_1 から時刻 t_2 の間の変位 $\Delta\boldsymbol{r}$．平均速度は $\bar{v} = \dfrac{\Delta\boldsymbol{r}}{\Delta t}$．瞬間速度 $\boldsymbol{v}(t)$ は運動の道筋の接線方向を向く．

$$\Delta \boldsymbol{r} = \boldsymbol{r}_2 - \boldsymbol{r}_1 \qquad (\Delta \boldsymbol{r} = \overrightarrow{\mathrm{PP'}}) \tag{3.14}$$

を時刻 t_1 から時刻 t_2 までの**変位**という．変位の x 成分 Δx と y 成分 Δy は

$$\Delta x = x_2 - x_1, \qquad \Delta y = y_2 - y_1 \tag{3.15}$$

平均速度　直線運動の場合と同じように，平均速度 $\bar{\boldsymbol{v}}$ は「変位」÷「時間」で，時刻 t_1 から時刻 t_2 の間の平均速度 $\bar{\boldsymbol{v}}$ は，変位 $\Delta \boldsymbol{r}$ を時間 $\Delta t = t_2 - t_1$ で割った

$$\bar{\boldsymbol{v}} = \frac{\Delta \boldsymbol{r}}{\Delta t} = \frac{\boldsymbol{r}_2 - \boldsymbol{r}_1}{t_2 - t_1} \qquad \text{平均速度} = \frac{\text{変位}}{\text{時間}} \tag{3.16}$$

である．平均速度 $\bar{\boldsymbol{v}}$ は，向きが変位 $\Delta \boldsymbol{r}$ と同じ向きで，大きさが「PとP′の直線距離」÷「時間」に等しいベクトル量である．x 成分 $\bar{v}_x$ と y 成分 $\bar{v}_y$ は，

$$\bar{v}_x = \frac{\Delta x}{\Delta t} = \frac{x_2 - x_1}{t_2 - t_1}, \qquad \bar{v}_y = \frac{\Delta y}{\Delta t} = \frac{y_2 - y_1}{t_2 - t_1} \tag{3.17}$$

問 2　ある物体は半径 10 m の円の上を，一定の速さで運動している．一周するのにかかる時間は 12 秒である．

(1)　図 3.14 に 1 秒ごとの平均速度を表す矢印を記入せよ．

(2)　6 秒間の平均速度の大きさはいくらか．

(3)　12 秒間の平均速度の大きさはいくらか．

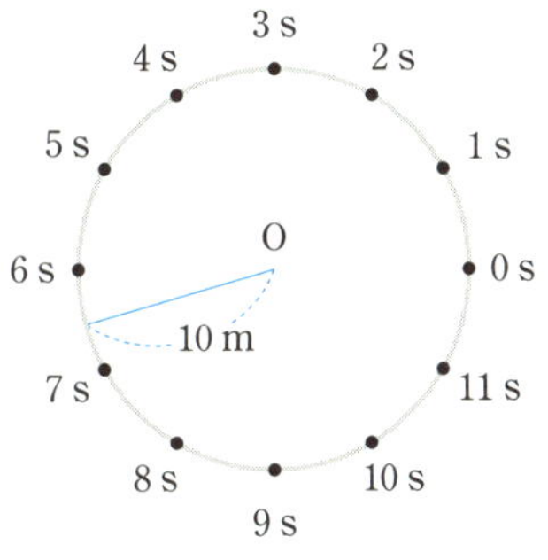

図 3.14

速度　速度（瞬間速度）$\boldsymbol{v}$ は時間間隔 $t_2 - t_1$ がきわめて短い場合の平均速度

$$\boldsymbol{v} = \lim_{\Delta t \to 0} \frac{\Delta \boldsymbol{r}}{\Delta t} \equiv \frac{\mathrm{d}\boldsymbol{r}}{\mathrm{d}t}, \quad v_x = \lim_{\Delta t \to 0} \frac{\Delta x}{\Delta t} = \frac{\mathrm{d}x}{\mathrm{d}t}, \quad v_y = \lim_{\Delta t \to 0} \frac{\Delta y}{\Delta t} = \frac{\mathrm{d}y}{\mathrm{d}t} \tag{3.18}$$

である．速度 $\boldsymbol{v}$ はベクトル量で，大きさ v はその瞬間の速さに等しく，向きは運動の向き（道筋の接線方向）を向いている（図 3.13）．

速度 $\boldsymbol{v}$ の x 成分 v_x は x 軸におろした垂線の足 x が x 軸上を直線運動する速度である．また，速度の y 成分 v_y は y 軸におろした垂線の足 y が y 軸上を直線運動する速度である（図 3.13）．

3.4 加 速 度

平均加速度　直線運動の場合と同じように，平面運動の平均加速度 $\bar{\boldsymbol{a}}$ は「速度の変化」÷「時間」である．時刻 t_1 に $\boldsymbol{v}_1 = (v_{1x}, v_{1y})$ であった物体の速度が，時刻 t_2 に $\boldsymbol{v}_2 = (v_{2x}, v_{2y})$ になると，時刻 t_1 から時刻 t_2 までの速度の変化は，

$$\Delta\boldsymbol{v} = \boldsymbol{v}_2 - \boldsymbol{v}_1 \qquad \text{(速度の変化)} \tag{3.19}$$

なので，平均加速度 $\bar{\boldsymbol{a}}$ は，速度の変化 $\Delta\boldsymbol{v} = \boldsymbol{v}_2 - \boldsymbol{v}_1$ を時間 $\Delta t = t_2 - t_1$ で割った

$$\bar{\boldsymbol{a}} = \frac{\Delta\boldsymbol{v}}{\Delta t} = \frac{\boldsymbol{v}_2 - \boldsymbol{v}_1}{t_2 - t_1} \qquad \text{平均加速度} = \frac{\text{速度の変化}}{\text{時間}} \tag{3.20}$$

である（図 3.15）．したがって，平均加速度 $\bar{\boldsymbol{a}}$ は速度の変化 $\Delta\boldsymbol{v}$ の方向を向き，$|\Delta\boldsymbol{v}| \div \Delta t$ という大きさをもつベクトル量である．

速度の変化 $\Delta\boldsymbol{v}$ はベクトル量で，x 成分 Δv_x と y 成分 Δv_y は

$$\Delta v_x = v_{2x} - v_{1x}, \qquad \Delta v_y = v_{2y} - v_{1y} \tag{3.21}$$

である．したがって，平均加速度 $\bar{\boldsymbol{a}}$ の x 成分 $\bar{a}_x$ と y 成分 $\bar{a}_y$ は，

$$\bar{a}_x = \frac{\Delta v_x}{\Delta t} = \frac{v_{2x} - v_{1x}}{t_2 - t_1} \qquad \bar{a}_y = \frac{\Delta v_y}{\Delta t} = \frac{v_{2y} - v_{1y}}{t_2 - t_1} \tag{3.22}$$

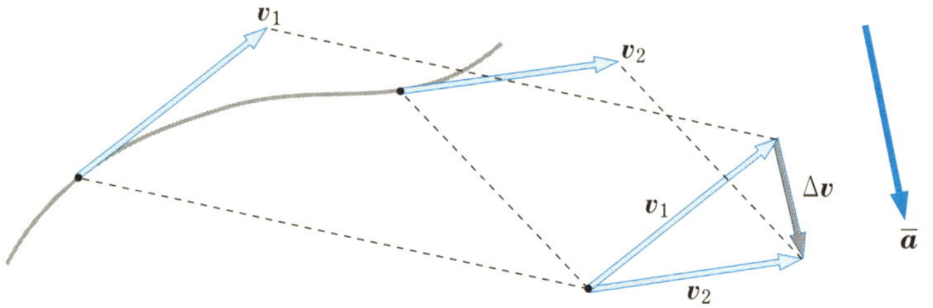

図 3.15　平均加速度 $\bar{\boldsymbol{a}} = \dfrac{\Delta\boldsymbol{v}}{\Delta t} = \dfrac{\boldsymbol{v}_2 - \boldsymbol{v}_1}{t_2 - t_1}$

自動車のアクセルを踏むと自動車の進行方向は変わらず速さが増加するので，平均加速度 $\bar{\boldsymbol{a}}$ は自動車の進行方向（$\boldsymbol{v}_1$ の向き）と同じ向きである［図 3.16(a)］．ブレーキを踏むと自動車の進行方向は変わらず速さが減少するので，平均加速度 $\bar{\boldsymbol{a}}$ は自動車の進行方向（$\boldsymbol{v}_1$ の向き）と逆向きである［図 3.16(b)］．自動車のハンドルを回すと自動車の速さは変わらず進行方向が変化し，速度の変化 $\boldsymbol{v}_2 - \boldsymbol{v}_1$ の向き，つまり平均加速度 $\bar{\boldsymbol{a}}$ の向きは速度に横向きである［図 3.16(c)］．

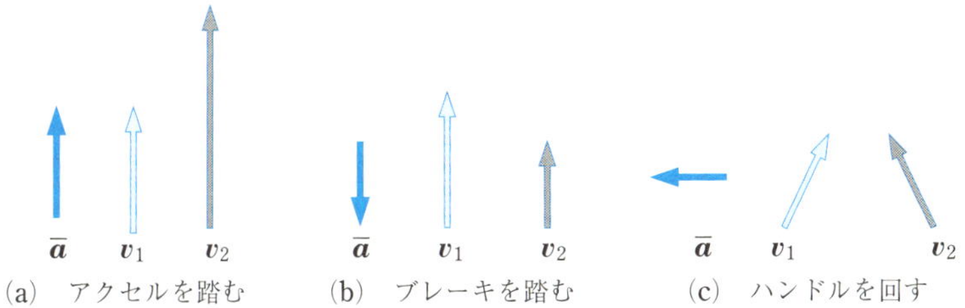

図 3.16

加速度　　時間間隔 t_2-t_1 がきわめて短い場合の平均加速度を瞬間加速度，あるいは単に**加速度**という．したがって，加速度 $\boldsymbol{a}$ は，

$$\boldsymbol{a}=\lim_{\Delta t\to 0}\frac{\Delta \boldsymbol{v}}{\Delta t}\equiv\frac{\mathrm{d}\boldsymbol{v}}{\mathrm{d}t} \qquad \therefore \quad \boldsymbol{a}=\frac{\mathrm{d}\boldsymbol{v}}{\mathrm{d}t}=\frac{\mathrm{d}}{\mathrm{d}t}\left(\frac{\mathrm{d}\boldsymbol{r}}{\mathrm{d}t}\right)=\frac{\mathrm{d}^2\boldsymbol{r}}{\mathrm{d}t^2} \tag{3.23}$$

である．加速度 $\boldsymbol{a}$ はベクトル量なので x 成分 a_x と y 成分 a_y をもつ．

$$a_x=\lim_{\Delta t\to 0}\frac{\Delta v_x}{\Delta t}=\frac{\mathrm{d}v_x}{\mathrm{d}t}=\frac{\mathrm{d}^2x}{\mathrm{d}t^2}, \quad a_y=\lim_{\Delta t\to 0}\frac{\Delta v_y}{\Delta t}=\frac{\mathrm{d}v_y}{\mathrm{d}t}=\frac{\mathrm{d}^2y}{\mathrm{d}t^2} \tag{3.24}$$

3.5　放物運動

水平投射　　机の上のパチンコ玉を指ではじいて床に落下させる．玉が机の縁を離れる瞬間に，別の玉を机の横から床へ自由落下させると，2 つの玉は床に同時に落ちる．図 3.17 は 2 つの玉の落下を $\frac{1}{30}$ 秒ごとに光をあてて写した写真である．水平に投射された玉の水平方向の運動は等速運動であり，鉛直方向の運動は自由落下つまり重力加速度 g での等加速度運動であることがわかる．

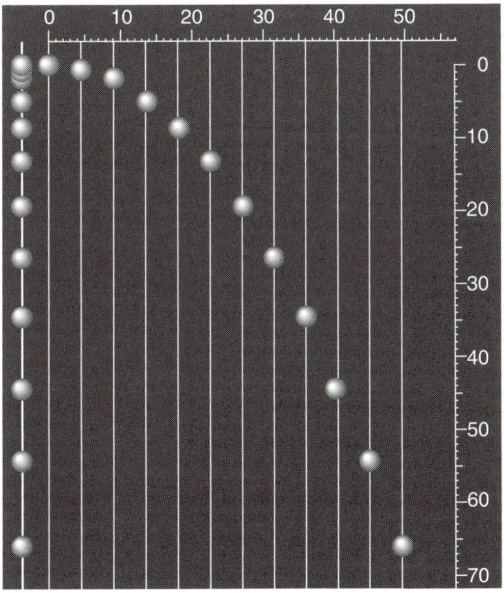

図 3.17

放物運動　ボールを斜めに投げ上げると，空気抵抗が無視できれば，水平方向の運動は等速運動であり，鉛直方向の運動は鉛直投げ上げ運動と同じように重力加速度 $-g$ での等加速度運動である（その理由は，ボールには鉛直下向きの重力しか作用しないからであることを次章の例5で学ぶ）．したがって，どの方向に投げ上げても，最高点の高さが同じなら，滞空時間は同じである（同じ最高点の高さの鉛直投げ上げの滞空時間と同じになる）．

水平となす角が θ_0 の方向に初速度 $\boldsymbol{v}_0$ で質量 m のボールを投げる［図 3.18 (b)］．初速度の水平方向成分は $v_0\cos\theta_0$ で，鉛直方向成分は $v_0\sin\theta_0$ である．

水平方向（x 方向）の運動は，初速が $v_0\cos\theta_0$ の等速運動なので，

$$v_x = v_0\cos\theta_0 \qquad \text{（速度の水平方向成分 = 一定）} \tag{3.25}$$

投げてから時間 t が経過したときの水平方向の移動距離 x は

$$x = (v_0\cos\theta_0)t \qquad \text{（時刻 } t \text{ の水平方向の移動距離）} \tag{3.26}$$

鉛直方向（y 方向）の運動は，初速が $v_0\sin\theta_0$ で，加速度 $a_y = -g$ の等加速度運動なので，投げてから時間 t が経過した後の速度の y 成分 v_y と高さ y は，(2.20) 式，(2.21) 式の v_0 を $v_0\sin\theta_0$ で置き換えれば得られる．

$$v_y = v_0\sin\theta_0 - gt \qquad \text{（時刻 } t \text{ での速度の鉛直方向成分）} \tag{3.27}$$

$$y = (v_0\sin\theta_0)t - \frac{1}{2}gt^2 \qquad \text{（時刻 } t \text{ での高さ）} \tag{3.28}$$

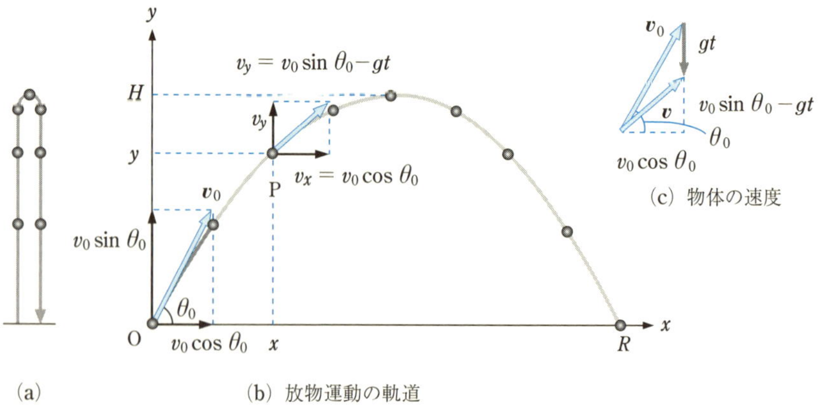

図 3.18　放物運動

ボールが最高点に到達するまでの時間 t_1 は，(3.27) 式の v_y が 0 になる

$$t_1 = \frac{v_0 \sin\theta_0}{g} \qquad \text{（最高点に到達するまでの時間）} \qquad (3.29)$$

であり，最高点の高さ H は (3.29) 式の t_1 を (3.28) 式に代入すれば得られる．

$$H = \frac{(v_0 \sin\theta_0)^2}{2g} \qquad \text{（最高点の高さ）} \qquad (3.30)$$

物体が地面 ($y = 0$) に落下する時刻 t_2 は，高さ $y = (v_0 \sin\theta_0)t_2 - \frac{1}{2}gt_2{}^2 = 0$ の 2 つの解のうち，0 でない方の

$$t_2 = \frac{2v_0 \sin\theta_0}{g} \qquad \text{（落下するまでの時間）} \qquad (3.31)$$

である．$t_2 = 2t_1$ なので，上昇時間と落下時間は等しい．物体は水平方向に一定の速さ $v_0 \cos\theta_0$ で運動するので，落下点までの直線距離 R は

$$R = t_2 v_0 \cos\theta_0 = \frac{2v_0{}^2 \sin\theta_0 \cos\theta_0}{g} = \frac{v_0{}^2 \sin 2\theta_0}{g} \qquad (3.32)$$

である．ただし，三角関数の加法定理 $2\sin\theta_0 \cos\theta_0 = \sin 2\theta_0$ を使った．

同じ初速 v_0 で投げるとき，もっとも遠くまで届き R が最大なのは，$\sin 2\theta_0 = 1$ のとき，つまり $\theta_0 = 45°$ のときで，そのときの到達距離は

$$R = \frac{v_0{}^2}{g} \qquad (\theta_0 = 45° \text{ のときの到達距離}) \qquad (3.33)$$

(3.26) 式から導かれる $t = \frac{x}{v_0 \cos\theta_0}$ を (3.28) 式に代入すると，物体の軌道，

$$y = \frac{\sin\theta_0}{\cos\theta_0}x - \frac{g}{2(v_0 \cos\theta_0)^2}x^2 \qquad \text{（放物体の軌道）} \qquad (3.34)$$

が導かれる．これは xy 面内にある「上に凸な放物線」である [図 3.18(b)]．

例 2 時速 144 km (速さ 40 m/s) でボールを投げるときの最大到達距離 R は (3.33) 式で $v_0 = 40$ m/s，$g = 9.8$ m/s^2 とおいた

$$R = \frac{(40\ \text{m/s})^2}{9.8\ \text{m/s}^2} = 163\ \text{m}$$

参考　相対速度

60 km/h で走っているトラックの運転手には，100 km/h で追い越していった自動車の速度は 40 km/h に見える．物体 1 の速度を $\boldsymbol{v}_1$，物体 2 の速度を $\boldsymbol{v}_2$ とすると，物体 2 から見た物体 1 の速度 $\boldsymbol{v}_{12}$ は

$$\boldsymbol{v}_{12} = \boldsymbol{v}_1 - \boldsymbol{v}_2 \tag{3.35}$$

である（図 3.19）．$\boldsymbol{v}_{12}$ を物体 2 に対する物体 1 の**相対速度**という．

無風状態では雨滴は速度 $\boldsymbol{v}_1$ で鉛直に落下する．静止している人は傘を真上に向けてさせばよい［図 3.20(a)］．この雨の中を速度 $\boldsymbol{v}_2$ で歩く人にとっては，雨滴の速度は $\boldsymbol{v}_{12} = \boldsymbol{v}_1 - \boldsymbol{v}_2$ なので．傘の先を斜前方（$-\boldsymbol{v}_{12}$ の方向）に向けて歩くと雨に濡れない［図 3.20(b)］．

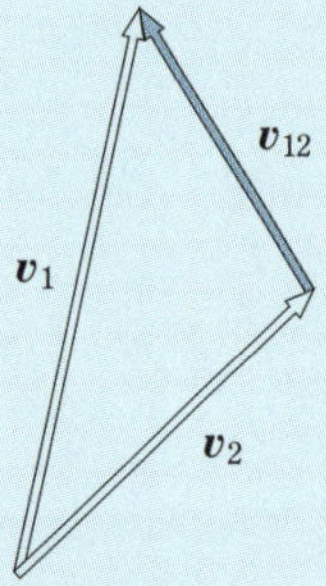

図 3.19　相対速度
$\boldsymbol{v}_{12} = \boldsymbol{v}_1 - \boldsymbol{v}_2$

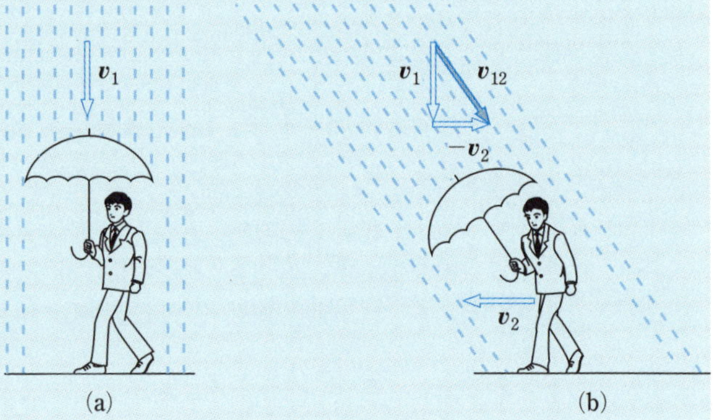

図 3.20

演習問題 3

1. 図1に示す2つのベクトル$\boldsymbol{A} = (2\sqrt{3}, 2)$, $\boldsymbol{B} = (-\sqrt{3}, 1)$がある.
(1) $\boldsymbol{A}+\boldsymbol{B}$を求め，図示せよ．(2) $\boldsymbol{A}-\boldsymbol{B}$を求め，図示せよ．

2. 図2の$\boldsymbol{r}_1$と$\boldsymbol{r}_2$に対する$\Delta\boldsymbol{r} = \boldsymbol{r}_2-\boldsymbol{r}_1$を求めよ．

3. 図3の$\boldsymbol{v}_1$と$\boldsymbol{v}_2$に対する$\Delta\boldsymbol{v} = \boldsymbol{v}_2-\boldsymbol{v}_1$を求めよ．

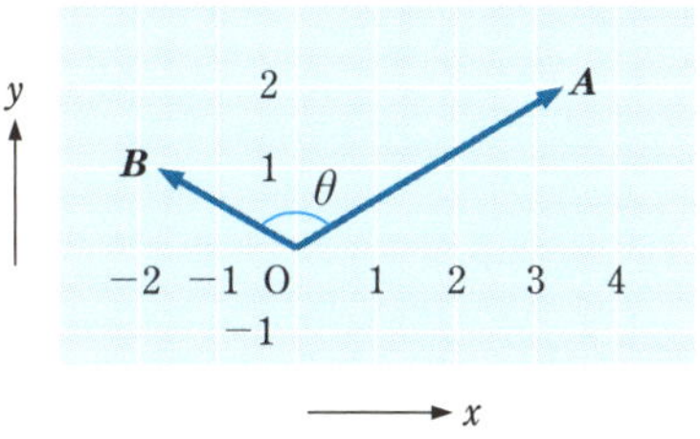

図1

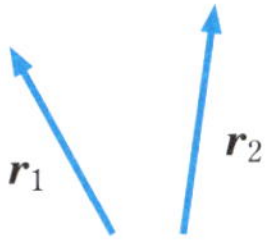

図2

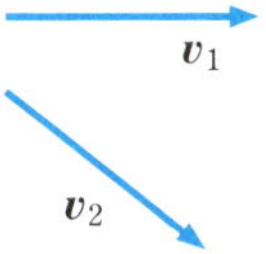

図3

4. 図4の3つのベクトルの和を求めよ．ベクトルの長さの単位はNである．

5. 図5で角ϕがどのような値のとき，$\boldsymbol{C} = \boldsymbol{A}+\boldsymbol{B}$は,

(1) 大きさが最大になるか.

(2) 大きさが最小になるか.

(3) $\phi = 90°$のときのCを求めよ．

6. 図6の2つのベクトル$\boldsymbol{A}, \boldsymbol{B}$の$x$成分と$y$成分を記せ.

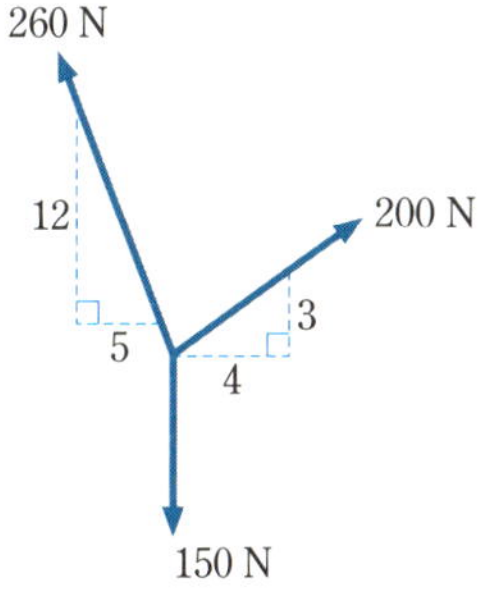

図4

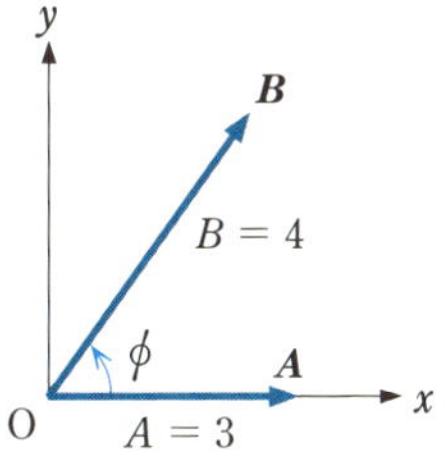

図5

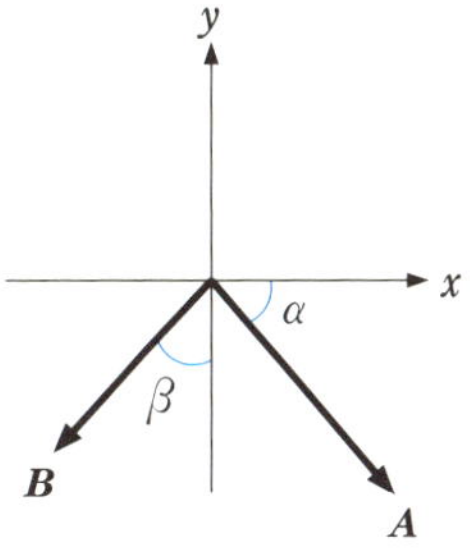

図6

7. 2つのベクトル$\boldsymbol{A}, \boldsymbol{B}$は同じ大きさである．ベクトル$\boldsymbol{A}$は真東を向き，ベクトル$\boldsymbol{B}$は真北を向いている．ベクトル$\boldsymbol{A}-\boldsymbol{B}$はどの方向を向いているか．その大きさはベクトル$\boldsymbol{A}$の大きさの何倍か.

8. 下降していた飛行機が上昇に転じた，加速度の方向を述べよ.

9. 大きさの異なる2つのベクトル$\boldsymbol{A}$, $\boldsymbol{B}$の和が$\boldsymbol{0}$であることはありうるか.

10. 大きさが等しくて，和が$\boldsymbol{0}$の3つのベクトル$\boldsymbol{A}, \boldsymbol{B}, \boldsymbol{C}$がある($|\boldsymbol{A}| = |\boldsymbol{B}| = |\boldsymbol{C}|$

で，$\boldsymbol{A}+\boldsymbol{B}+\boldsymbol{C}=\boldsymbol{0}$）．$\boldsymbol{A}, \boldsymbol{B}, \boldsymbol{C}$ はどのような条件を満たすか．

11. 3つのベクトル $\boldsymbol{A}, \boldsymbol{B}, \boldsymbol{C}$ がある．$\boldsymbol{A}+\boldsymbol{B}+\boldsymbol{C}=\boldsymbol{0}$ で $\boldsymbol{A}\perp\boldsymbol{B}$ の場合，$|\boldsymbol{C}|$ を $|\boldsymbol{A}|$ と $|\boldsymbol{B}|$ で表せ．

12. 図7の等速円運動している物体の2点A,Bの間での平均加速度の向きを求めよ．

13. 物体が図8の軌道を放物運動する場合，

(1) 飛行時間を比較せよ． (2) 初速度の鉛直方向成分を比較せよ．

(3) 初速度の水平方向成分を比較せよ． (4) 初速度の大きさを比較せよ．

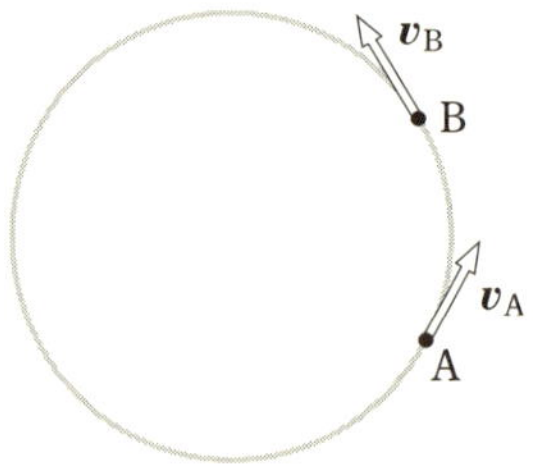

図7

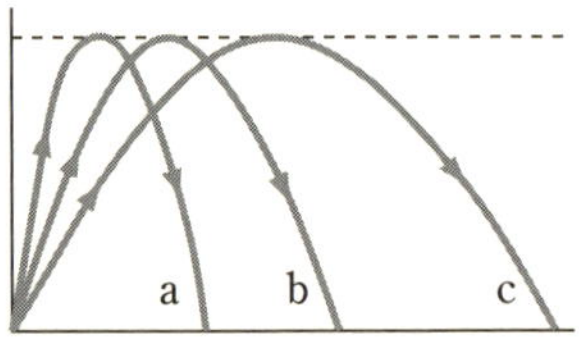

図8

14. 図3.17の水平投射の軌道を(3.34)式から求めよ．

15. 地表から水平と60°の角をなす方向に初速20 m/sで投げたボールの落下点までの距離を求めよ．

16. 図9の自動車2に対する自動車1の相対速度 $\boldsymbol{v}_{12}=\boldsymbol{v}_1-\boldsymbol{v}_2$ を求めよ．

17. 図10のように，AさんとBさんがデパートのエスカレーターですれちがった．エスカレーターの速さは両方とも1.5 m/sだとすると，BさんのAさんに対する相対速度 $\boldsymbol{v}_{BA}=\boldsymbol{v}_B-\boldsymbol{v}_A$ はいくらか．

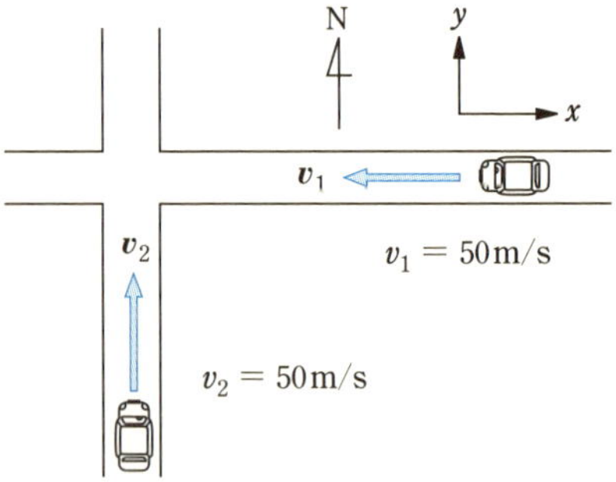

図9

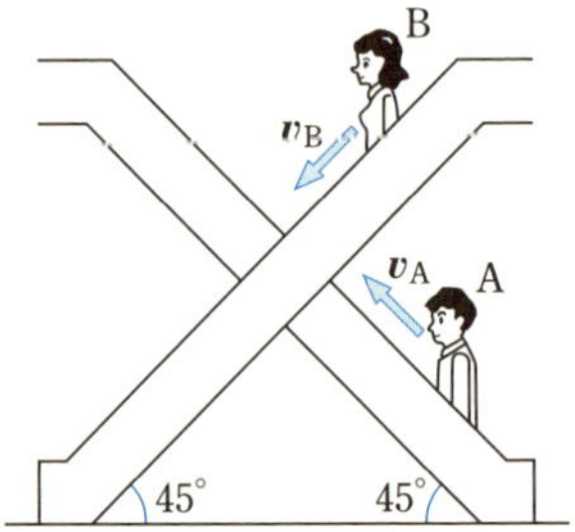

図10

18. 一定の速さ v_0 で高さ h の水平飛行している飛行機の下側の投下口から救援物資の包みを静かに投下した．パラシュートが開くまでは包みは飛行機から見てどの方向にあるか．空気の抵抗は無視できるものとせよ．

4

ニュートンの運動の法則

紀元前4世紀に活躍したアリストテレス（384B.C.－322B.C.）は，地上の物体の運動には自然な運動と強制された運動の2種類があると考えた．自然な運動とは，石は落下し，煙は上昇するという，自然に起こるように見える運動で，これらの運動の原因は，物体が自然な状態に移動しようとするためだと考えた．これに対して，強制された運動は他の物体が作用する力によって生じ，他の物体が力を作用しなければ，強制された運動はすぐに停止するとアリストテレスは考えた．

ところが，ガリレオ（1564-1642）は，物体が運動し続けるためには力が必要だという考えに反対した．ガリレオによれば，床の上の物体を運動させ続けるために力を作用しなければならないのは，運動を妨げる摩擦力が作用するためであり，摩擦力が作用しなければ物体は水平面上をどこまでも同じ速さで運動し続けると主張した．ガリレオはその根拠の1つとして振り子の実験を挙げた．最低点付近ではおもりに水平方向の力は作用していないのに，おもりは等速運動を続けるからである．物体が同じ速度で直進し続ける性質を慣性という．

ガリレオの考えを発展させ，運動の3法則（慣性の法則，運動の法則，作用反作用の法則）を提唱して力学を確立したのがニュートン（1642-1727）であった．力学は力と運動の学問である．力とは物体に働くと，運動状態を変化させたり，変形させたりする原因になる作用である．物体の運動状態の変化を表す物理量は，速度の時間変化率の加速度である．この加速度と力の関係を表すのが運動の法則である．ニュートンは物体が落下するのは，すべての物体に地球が重力とよばれる引力を作用するからであると提唱した．

この章では，ニュートンの運動の3法則といろいろな力を学ぶ．

4.1 力

力　ばねを引っ張れば伸びる．転がってきたボールを蹴るとボールは運動の方向と速さを変えて飛んでいく．物体を変形させ，運動状態を変化させる作用は**力**である．手で机を押す場合のように，接触している物体の間に作用する力と，重力，電気力，磁気力などのように，空間をへだてて働く力がある．

力の表し方　力には，**大きさ**と**方向**および力が物体に作用する点の**作用点**がある．力を図示する場合，作用点を始点とし，力の方向を向き，長さが力の大きさに比例する矢印を用いる（図 4.1）．作用点を通り力の方向に沿って引いた直線を**力の作用線**という．なお，広がっている物体に働く重力は物体全体に働くが，その合力が重心に作用すると見なしてよい（7.3 節参照）．

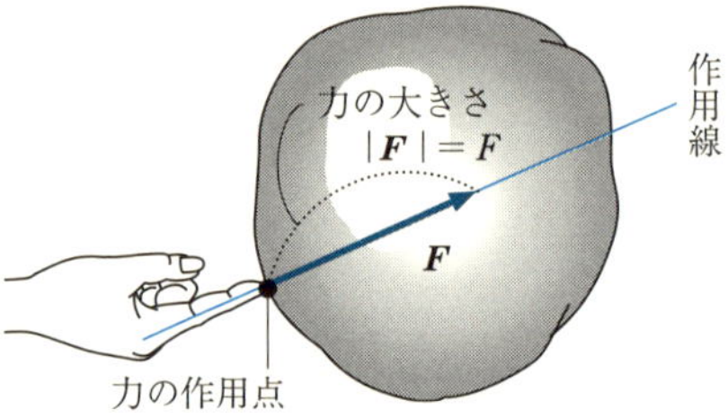

図 4.1　力の作用点と作用線

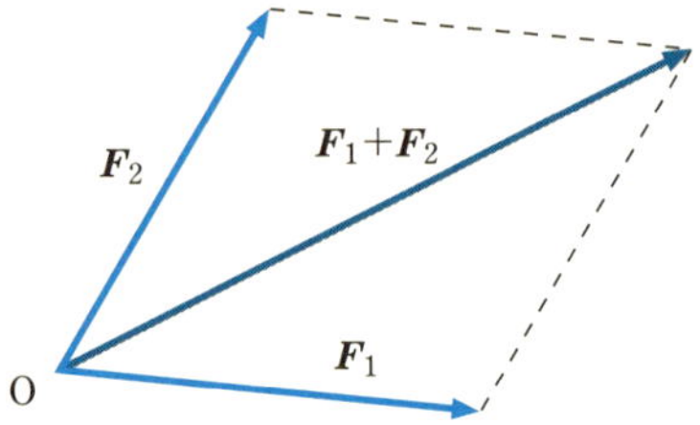

図 4.2　$\boldsymbol{F} = \boldsymbol{F}_1 + \boldsymbol{F}_2$

合　力　いくつかの力が 1 つの物体に作用しているとき，同じ効果を与える 1 つの力をこれらの力の**合力**という．作用線が交わる 2 つの力 $\boldsymbol{F}_1$ と $\boldsymbol{F}_2$ の合力 $\boldsymbol{F}$ は，$\boldsymbol{F}_1$ と $\boldsymbol{F}_2$ を相隣る 2 辺とする平行四辺形の対角線に対応し，交点に作用する力である（平行四辺形の規則，図 4.2）．ベクトルの和の記法を使って，

$$\boldsymbol{F} = \boldsymbol{F}_1 + \boldsymbol{F}_2 \tag{4.1}$$

と表す．逆に，力 $\boldsymbol{F}$ と同じ作用を及ぼす 2 つの力 $\boldsymbol{F}_1$ と $\boldsymbol{F}_2$ を $\boldsymbol{F}$ の**分力**という．

問 1　図 4.3 に示す，大きさが等しい 2 つの力 $\boldsymbol{F}_1$ と $\boldsymbol{F}_2$（$|\boldsymbol{F}_1| = |\boldsymbol{F}_2| = F$）の合力の大きさを求めよ．
$\cos 30° = \dfrac{\sqrt{3}}{2}$，$\cos 45° = \dfrac{1}{\sqrt{2}}$，
$\cos 60° = \dfrac{1}{2}$ を使え．

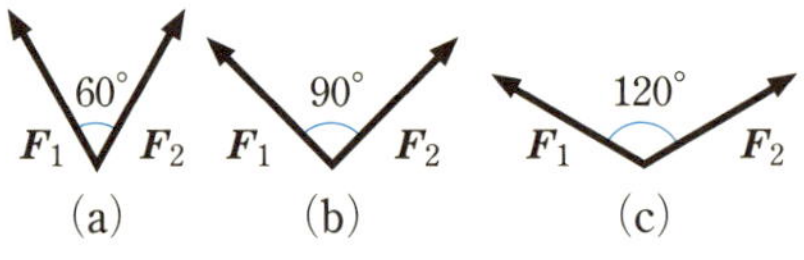

図 4.3

力のつり合い　静止している物体に作用する 2 つ以上の力 $\boldsymbol{F}_1, \boldsymbol{F}_2, \cdots, \boldsymbol{F}_N$ の作用線が 1 点で交わるとき (図 4.4)，力のベクトル和が $\mathbf{0}$,

$$\boldsymbol{F}_1+\boldsymbol{F}_2+\cdots+\boldsymbol{F}_N = \mathbf{0} \qquad (N = 2, 3, \cdots) \tag{4.2}$$

なら，物体は静止し続ける．このとき，これらの力はつり合っているという．

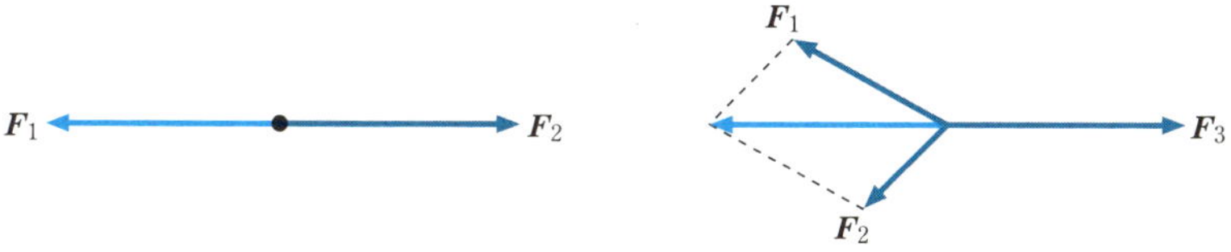

(a)　$\boldsymbol{F}_1+\boldsymbol{F}_2 = \mathbf{0}$　　(b)　$\boldsymbol{F}_1+\boldsymbol{F}_2+\boldsymbol{F}_3 = \mathbf{0}$

図 4.4

弾性力とばね秤　ばねを伸ばすと縮もうとし，縮めると伸びようとする．この復元力を**弾性力**という．変形量 (ばねの伸び縮み) が小さいときには，復元力 F は変形量 x に比例する．これを**フックの法則**という．

$$F = -kx \quad (k \text{ はばね定数}) \tag{4.3}$$

右辺の負符号は，復元力と変形は逆向きであることを示す．

この性質を使って，力の大きさを測る装置がばね秤である．物体をばね秤に吊るして，ばねの伸び x を測ると，「ばねの弾性力の大きさ」=「物体に作用する重力の大きさ」という性質を使って，物体に作用する重力の大きさ W を測ることができる (図 4.5)．物体に作用する重力の大きさは物体の質量 m に比例するので (4.3 節参照)，ばねの伸びは吊るされた物体の質量に比例する．

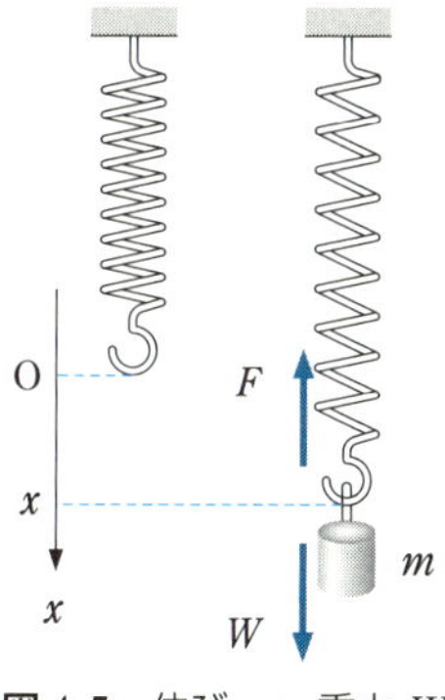

図 4.5　伸び $x \propto$ 重力 W

4.2 運動の第1法則（慣性の法則）

運動の第1法則は，力が作用していない物体の運動に関する法則である．

運動の第1法則（慣性の法則）　物体は力の作用を受けなければ，あるいは受けていても合力が**0**ならば，静止している物体は静止したままであり，運動している物体は等速直線運動を続ける．

物体が同じ速度を保とうとする性質を**慣性**というので，運動の第1法則は**慣性の法則**とよばれる．

床の上の物体を押すのをやめると，物体はすぐに停止するので，多くの人は，力が働かなくなると物体はすぐに停止すると思う．しかし，押すのをやめると，物体が停止するのは，力が作用しないからではなく，運動を妨げる摩擦力が作用するからである．

床の上に置いたドライアイスは昇華して表面から炭酸ガスを放出するので，床との摩擦はきわめて小さい．そこで，なめらかで水平な床の上のドライアイスの小片を指で弾くと，小片は一定の速さで直進する．これは摩擦がなければ物体は等速直線運動を続けることを示す一例である（図4.6）．

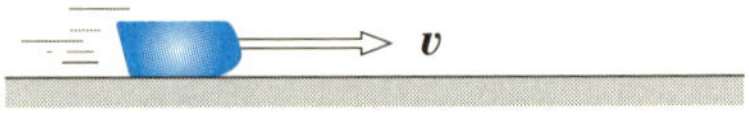

図4.6　等速直線運動

路面が凍りついた急カーブで車が曲がれず真直ぐに滑って道から飛び出すこと，電車やバスに急ブレーキがかかると立っている乗客が進行方向に倒れそうになることなどはすべて物体が同じ速度を保とうとする慣性のせいである．

力の作用している物体が等速直線運動を続けている場合には，この物体に作用する力の合力は**0**である．このような場合の例として，等速直線運動をしている自動車や無風状態の空気中を一定の速さで落下する雨滴がある．

問2　無風状態の空気中を一定の速さで落下する雨滴に作用する重力 $\boldsymbol{W}$ と，空気抵抗 $\boldsymbol{F}$ の関係を，ベクトル $\boldsymbol{W}$ と $\boldsymbol{F}$ の式として表せ（図4.7）．

問3　コップの上にカードをのせ，その上に硬貨をのせて，カードを横に強く引くと，硬貨はコップの中に落ちる．その理由を説明せよ（図4.8）．

問4　停車している電車の床の中央にボールが置いてある．電車が発車する

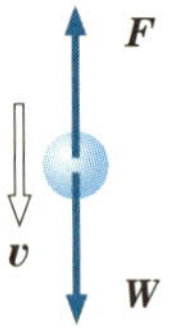

図4.7

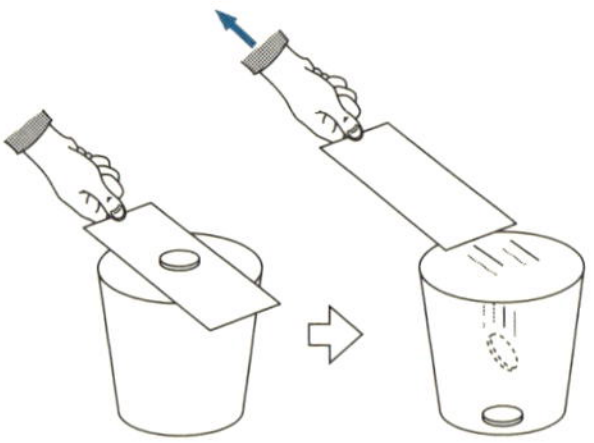

図4.8

とボールはどのような運動をするか．車内で観察する場合と，プラットホームで観察する場合の両方を考えよ．

垂直抗力　すべての物体には下向きの重力 $\boldsymbol{W}$ が作用する．床の上の物体が静止しているのは，重力 $\boldsymbol{W}=\boldsymbol{F}_{物体\leftarrow地球}$ につり合う上向きの力 $\boldsymbol{N}=\boldsymbol{F}_{物体\leftarrow床}$ を床が物体に作用しているからである（図 4.9）．

$$\boldsymbol{W}+\boldsymbol{N}=\boldsymbol{0}$$
$$(\boldsymbol{F}_{物体\leftarrow地球}+\boldsymbol{F}_{物体\leftarrow床}=\boldsymbol{0})$$

床が物体に作用する力 $\boldsymbol{N}$ のように，2つの物体が接触しているときに，接触面を通して面に垂直に相手の物体に作用する力を**垂直抗力**という．

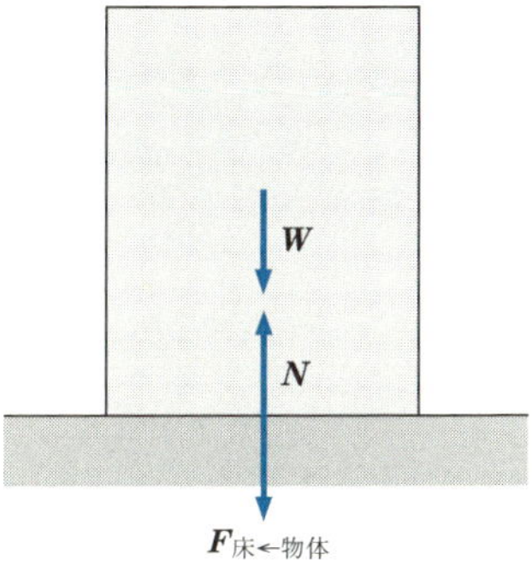

図 4.9　垂直抗力 $\boldsymbol{N}$

このとき物体も床に鉛直下向きの垂直抗力 $\boldsymbol{F}_{床\leftarrow物体}$ を作用している．この力は物体に作用する地球の重力 $\boldsymbol{F}_{物体\leftarrow地球}$ とは別の力であるが，4.4 節で学ぶ作用反作用の法則によって $\boldsymbol{F}_{床\leftarrow物体}=-\boldsymbol{F}_{物体\leftarrow床}$ なので，物体が床に作用する垂直抗力 $\boldsymbol{F}_{床\leftarrow物体}$ と物体に作用する地球の重力 $\boldsymbol{F}_{物体\leftarrow地球}$ は向きも大きさも同じである．

斜面に物体がのっている場合にも，斜面は物体に垂直抗力 $\boldsymbol{N}$ を作用する．しかし，この場合には，物体が斜面を滑り落ちるのを妨げる向きの摩擦力 $\boldsymbol{F}$ も斜面は物体に作用する（図 4.10）．摩擦力については 4.5 節で学ぶ．

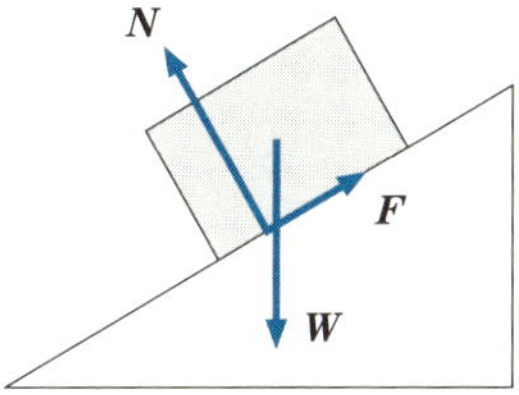

図 4.10

4.3 運動の第 2 法則（運動の法則）

力が物体に働くと，速度が変化して，加速度が生じる．物体に作用する力と加速度の関係を表すのが運動の第 2 法則で，単に運動の法則ともいう．

運動の第 2 法則（運動の法則）　物体は力を受けると，その向きに加速度が生じる，加速度の大きさは受ける力の大きさに比例し，質量に反比例する．

物体の加速度を $\boldsymbol{a}$，質量を m，物体に作用する力の合力を $\boldsymbol{F}$ とすると，運動の法則は次のように表される．

$$\boldsymbol{a} = k\frac{\boldsymbol{F}}{m} \qquad 加速度 = 比例定数\frac{力}{質量} \tag{4.4}$$

力の単位として，質量 1 kg の物体に作用すると 1 m/s^2 の加速度を生じさせる力の大きさである 1 ニュートン（記号 N），

$$\mathrm{N} = \mathrm{kg{\cdot}m/s^2} \qquad （力の国際単位，ニュートン） \tag{4.5}$$

を使う国際単位系では，比例定数 k は 1 になるので，(4.4) 式は

$$m\boldsymbol{a} = \boldsymbol{F} \qquad 質量 \times 加速度 = 力 \tag{4.6}$$

となる．この式を**ニュートンの運動方程式**という．広がっている物体の場合には，(4.6) 式の加速度 $\boldsymbol{a}$ は重心の加速度である．したがって，広がっている物体の場合には，(4.6) 式は重心の運動方程式である（重心についてはで 7.3 節で学ぶ）．

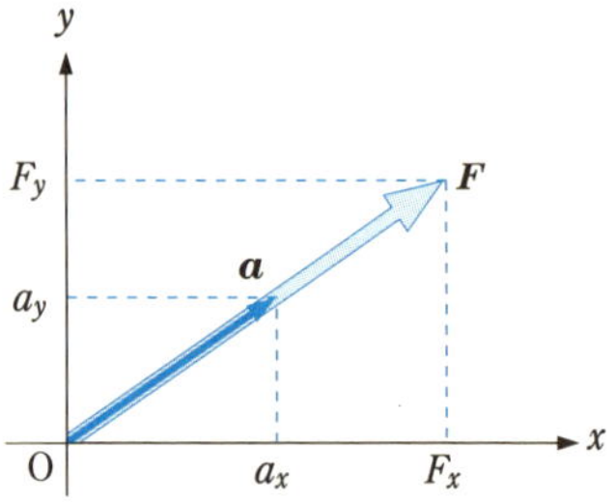

図 4.11　$\boldsymbol{F} = m\boldsymbol{a}$

力 $\boldsymbol{F}$ と加速度 $\boldsymbol{a}$ は，大きさと向きをもつベクトル量，

$$\boldsymbol{F} = (F_x, F_y), \qquad \boldsymbol{a} = (a_x, a_y) \tag{4.7}$$

なので（図 4.11），運動方程式 (4.6) を x 成分と y 成分に対する式として表すと，

$$ma_x = F_x, \qquad ma_y = F_y \tag{4.8}$$

となる．なお，(4.6) 式と (4.8) 式は微分形では次のようになる．

$$m\frac{\mathrm{d}^2\boldsymbol{r}}{\mathrm{d}t^2} = \boldsymbol{F}, \qquad m\frac{\mathrm{d}^2x}{\mathrm{d}t^2} = F_x, \qquad m\frac{\mathrm{d}^2y}{\mathrm{d}t^2} = F_y$$

直線運動での運動の法則　x 軸方向を向いた力 F の作用を受けて，x 軸に沿って直線運動している質量 m の物体のしたがう運動の法則は，(4.8) の第1式であるが，下付きの添え字 x を略して，

$$ma = F \quad \text{（直線運動での運動の法則）} \tag{4.9}$$

と表す．加速度 a も力 F も $+x$ 方向を向いている場合は正で，$-x$ 方向を向いている場合は負である．

例1　質量 30 kg の物体が 4 m/s^2 の加速度で運動している．物体に働く力 F は

$$F = ma = (30\,\mathrm{kg})\times(4\,\mathrm{m/s^2}) = 120\,\mathrm{kg\cdot m/s^2} = 120\,\mathrm{N}$$

例2　一直線上を 15 m/s の速さで走っている質量 30 kg の物体を 3 秒間で停止させるには，どれだけの力を加えればよいだろうか．

$$\text{加速度}\quad a = \frac{0-(15\,\mathrm{m/s})}{3\,\mathrm{s}} = -5\,\mathrm{m/s^2}$$

$$\text{力}\quad F = ma = (30\,\mathrm{kg})\times(-5\,\mathrm{m/s^2}) = -150\,\mathrm{kg\cdot m/s^2} = -150\,\mathrm{N}$$

したがって，加える力の大きさは 150 N である．負符号は，力の向きと運動の向きが逆であることを示す．この間の平均速度は $\bar{v} = \dfrac{v_0}{2} = 7.5\,\mathrm{m/s}$ なので，移動距離 x は，

$$x = \bar{v}t = (7.5\,\mathrm{m/s})\times(3\,\mathrm{s}) = 22.5\,\mathrm{m}$$

例3　4 kg の物体に 16 N＝16 kg·m/s^2 の力が作用すると，加速度 a は

$$a = \frac{F}{m} = \frac{16\,\mathrm{kg\cdot m/s^2}}{4\,\mathrm{kg}} = 4\,\mathrm{m/s^2}$$

である．加速度の向きと力の向きは同じである．

例4　静止していた質量 2 kg の物体に 20 N の力が 3 秒間作用した後の物体の速度 v は

$$v = at = \frac{F}{m}t = \frac{20\,\mathrm{kg\cdot m/s^2}}{2\,\mathrm{kg}}\times(3\,\mathrm{s}) = 30\,\mathrm{m/s}$$

速度 v と力 F は同じ向きを向いている．平均速度は $\bar{v} = 15\,\mathrm{m/s}$ なので，この間の移動距離 x は

$$x = \bar{v}t = (15\,\mathrm{m/s})\times(3\,\mathrm{s}) = 45\,\mathrm{m} \text{ である．}$$

質量　質量が大きい物体ほど速度が変化しにくい．質量は，物体の慣性，つまり速度の変化しにくさを表す量である．質量は物体固有の量であり，どこに持っていっても質量は一定不変である．質量の国際単位はキログラム［kg］である．歴史的に1kgは4℃の水1Lの質量として定義されたが，現在はフランスのセーブルにある国際キログラム原器の質量として定義されている．

地球の重力　地球がすべての物体に作用する引力を**重力**という．空気抵抗が無視できるときには，すべての物体の重力による自由落下の加速度は同じなので，これを**重力加速度**とよび，gと記す．

$$g \fallingdotseq 9.8\,\mathrm{m/s^2} \qquad \text{（重力加速度）}$$

運動方程式(4.6)によると，重力$\boldsymbol{W}$は質量mと重力加速度$\boldsymbol{g}$の積の$m\boldsymbol{g}$に等しいので，重力の強さWは

$$W = mg \qquad \text{重力} = \text{質量} \times \text{重力加速度} \tag{4.10}$$

である(図4.12)．つまり，物体に作用する重力の大きさは質量に比例する．したがって，質量は慣性の大きさを表すが，重力を生じさせる原因になるものでもある．(4.10)式から，1kgの物体に作用する重力の大きさは9.8Nである．したがって，1Nは約100gの物体に作用する重力の大きさに等しい．

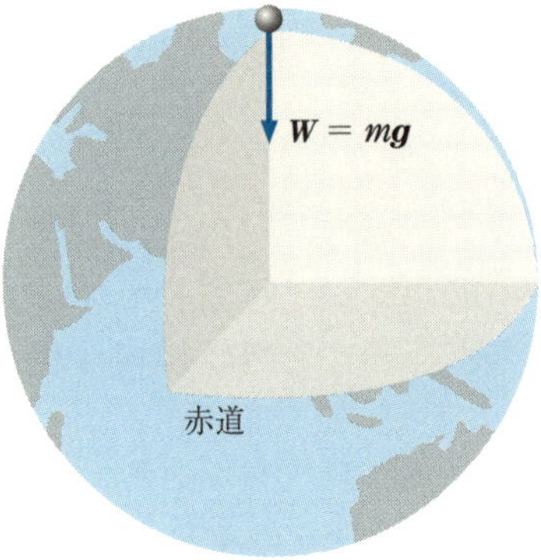

図4.12　地球の重力 $\boldsymbol{W} = m\boldsymbol{g}$

物体に作用する重力の大きさを重量とか重さという．同じ物体に作用する重力の大きさは場所によってわずかに異なる．

例5　図3.18の放物運動の場合，$\boldsymbol{F} = (0, -mg)$なので，運動方程式$m\boldsymbol{a} = \boldsymbol{F}$を成分で表すと，$ma_x = 0$，$ma_y = -mg$となる．したがって，加速度の成分は$a_x = 0$，$a_y = -g$である．水平方向の運動は等速運動で，鉛直方向の運動は加速度が$-g$の等加速度運動であることが理論的に導かれた．

4.4 運動の第 3 法則（作用反作用の法則）

力は物体と物体の間に作用する．力の作用は一方的な作用ではなく，2 つの物体がたがいに力を作用し合う相互作用である．運動の第 3 法則は，2 つの物体が作用し合う力についての法則である．

運動の第 3 法則（作用反作用の法則） 力は 2 つの物体の間に働く．物体 A が物体 B に力 $\boldsymbol{F}_{\mathrm{B \leftarrow A}}$ を作用していれば，物体 B も物体 A に力 $\boldsymbol{F}_{\mathrm{A \leftarrow B}}$ を作用している．2 つの力はたがいに逆向きで，大きさは等しい（図 4.13）．

$$\boldsymbol{F}_{\mathrm{B \leftarrow A}} = -\boldsymbol{F}_{\mathrm{A \leftarrow B}} \tag{4.11}$$

物体 A が物体 B に及ぼす力を作用とよべば，物体 B が物体 A に及ぼす力を反作用とよぶので，この法則は**作用反作用の法則**とよばれる．

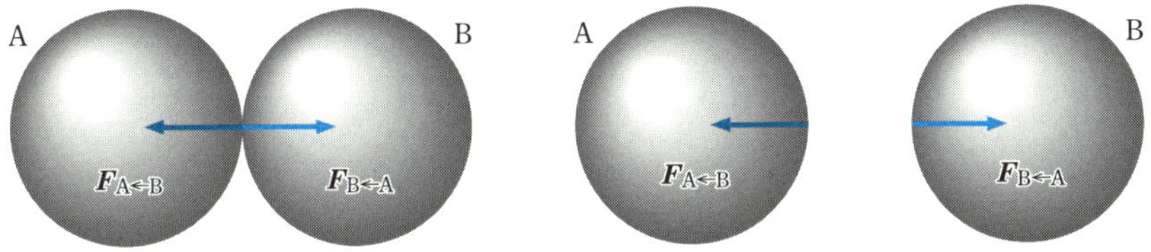

(a) $\boldsymbol{F}_{\mathrm{A \leftarrow B}} = -\boldsymbol{F}_{\mathrm{B \leftarrow A}}$　(b) B が A に作用する力 $\boldsymbol{F}_{\mathrm{A \leftarrow B}}$　(c) A が B に作用する力 $\boldsymbol{F}_{\mathrm{B \leftarrow A}}$

図 4.13

例 6 われわれが道路で前に歩きはじめられるのは，足が路面を後ろに押すと（作用），路面が足を前に押し返すからである（反作用）．この場合には足が路面を押さないと，路面は足を押し返さないが，反作用は作用のしばらく後に生じるのではなく，作用と反作用は同時に起こる．足と路面が作用し合う力は摩擦力なので，路面に油がこぼれていたら，足は路面に力を及ぼせず，路面も足に力を及ぼせないので，歩くことができない．

例 7 質量 m の物体には地球の重力 $\boldsymbol{F}_{\text{物体} \leftarrow \text{地球}} = m\boldsymbol{g}$ が作用する．この力の反作用は，物体が地球に作用する大きさが mg で鉛直上向きの力 $\boldsymbol{F}_{\text{地球} \leftarrow \text{物体}} = -m\boldsymbol{g}$ である．しかし，地球の質量はきわめて大きいので，この力によって生じる地球の加速度はきわめてわずかであり，観測できない．

問 5 作用反作用の法則と 2 つの力のつり合いの違いを説明せよ．

4.5 力と運動

静止摩擦力　床の上の物体を人間が水平方向の力 $\boldsymbol{f}$ で押すと，力 $\boldsymbol{f}$ が小さい間は物体は動かない．物体の運動を妨げる向きに床が物体に大きさが等しく，逆向きの力 $\boldsymbol{F}\,(=-\boldsymbol{f})$ を作用するからである．接触している 2 物体（固体）が接触面に沿ってたがいに相手の物体が運動しはじめるのを妨げる向きに作用する力を**静止摩擦力**という（図 4.14）．

物体を押す力 $\boldsymbol{f}$ がある限度以上に大きくなると，物体は動きはじめる．限界のときの静止摩擦力の大きさ $F_{\max}$ を**最大摩擦力**という．実験によると，最大摩擦力 $F_{\max}$ は 2 物体が接触面で作用し合う垂直抗力の大きさ N に比例する．

$$F_{\max}=\mu N \quad \text{（静止摩擦力の最大の大きさ）} \tag{4.12}$$

比例定数の μ を**静止摩擦係数**という．μ は接触する 2 物体の面の材質，粗さ，乾湿，塗油の有無などの状態によって決まる定数で，最大摩擦力が垂直抗力の何倍であるのかを示す．μ の値は接触面の面積によって変化しない．物理学では，摩擦力が働く面を粗い面，摩擦力が無視できる面をなめらかな面という．

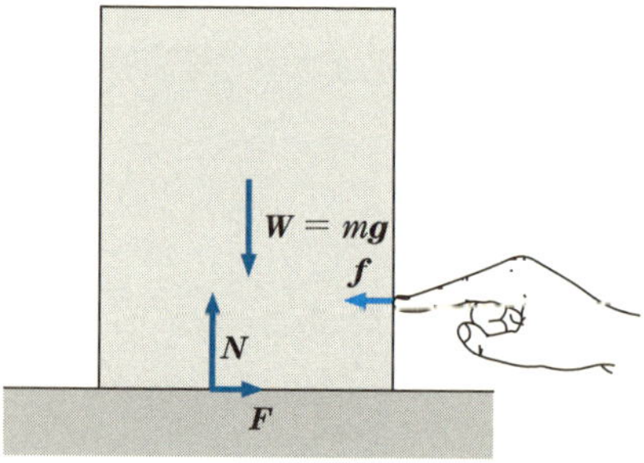

図 4.14　静止摩擦力 $F \leqq \mu N$

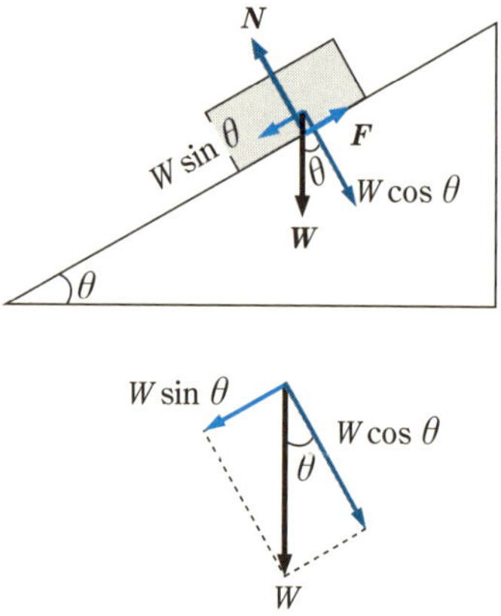

図 4.15

例 8　水平面と角 θ をなす斜面の上に物体が静止している（図 4.15）．物体が斜面を滑り落ちはじめないための条件を求めよう．物体には地球の重力 $\boldsymbol{W}$ が作用する．鉛直下向きの重力 $\boldsymbol{W}$ を斜面に平行な方向の成分と斜面に垂直な方向の成分に分解すると，大きさはそれぞれ $W\sin\theta$ と $W\cos\theta$ である．物体には斜面が斜面に平行な方向に静止摩擦力 $\boldsymbol{F}$ と斜面に垂直な方向に垂直抗力 $\boldsymbol{N}$ を作用する．物体は静止しているので，物体に作用する 3 つの力，重力 $\boldsymbol{W}$，静止摩擦力 $\boldsymbol{F}$，垂直抗力 $\boldsymbol{N}$ のつり合いの条件から

$$N = W\cos\theta \qquad （斜面に垂直な方向のつり合い条件）$$
$$F = W\sin\theta \qquad （斜面に平行な方向のつり合い条件）$$

が導かれる．静止摩擦力の大きさ F は最大摩擦力 μN より大きくないので，

$$W\sin\theta = F \leqq \mu N = \mu W\cos\theta$$
$$\therefore \quad \tan\theta = \frac{\sin\theta}{\cos\theta} \leqq \mu \tag{4.13}$$

という滑り落ちないための条件が導かれる．

動摩擦力　床の上を動いている物体と床の間のように，速度に差がある 2 物体（固体）の間には，速度の差を減らすような向きに力が接触面に沿って働く．この力を**動摩擦力**という（図 4.16）．実験によれば，動摩擦力の大きさ F は垂直抗力の大きさ N に比例し，関係

$$F = \mu' N \tag{4.14}$$

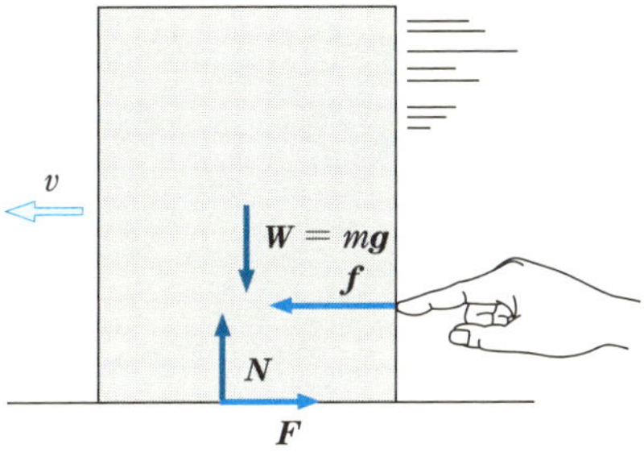

図 4.16　動摩擦力 $F = \mu' F$

を満たす．比例定数 μ' は，接触している 2 物体の種類と接触面の材質，粗さ，乾湿，塗油の有無などの状態によって決まり，接触面の面積や滑る速さには関係ない定数である．μ' を**動摩擦係数**という．一般に動摩擦係数 μ' は静止摩擦係数 μ より小さい．水平な床の上を滑っている物体がやがて静止するのは動摩擦力のためである．

機械を運転するときには，機械を摩耗させる摩擦は望ましくない．しかし毛織物の毛糸がほどけないのも，ひもを結ぶとき結び目がほどけないのも，摩擦のためである．釘が木材から抜けないのも，ナットがボルトからはずれないのも，摩擦のためである．このように摩擦は日常生活にとって必要不可欠である．

例題 1　図 4.17(a) のように，水平面と 30° の方向に綱でそりを引いた．そりと地面の間の静止摩擦係数を 0.25，そりと乗客の質量の和を 60 kg とすると，そりが動きはじめるときの綱の張力 F の大きさを求めよ．

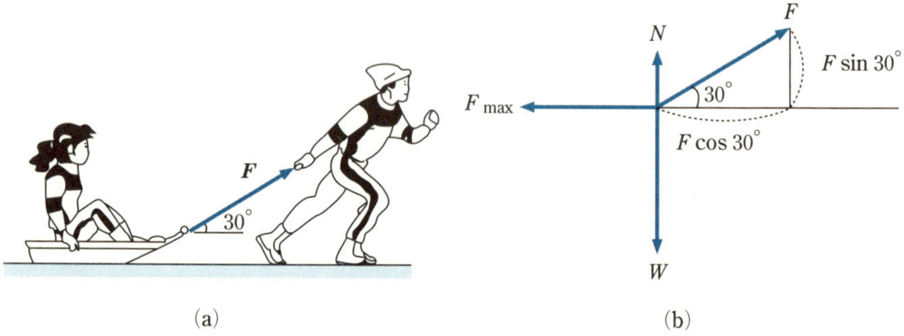

図 4.17

解　そりと乗客に働く力は，引き手の力 $\boldsymbol{F}$，重力 $\boldsymbol{W}$，垂直抗力 $\boldsymbol{N}$，最大摩擦力 $\boldsymbol{F}_{max}$ $(F_{max} = \mu N)$ である．外力がつり合う条件から［図 4.17(b)］

$$鉛直方向：W = N + F\sin 30° = N + \frac{1}{2}F \qquad \therefore \quad N = W - \frac{1}{2}F$$

$$水平方向：F\cos 30° = \frac{\sqrt{3}}{2}F = F_{max} = \mu N = 0.25\left(W - \frac{1}{2}F\right)$$

$$\therefore \quad F = \frac{0.5\,W}{\sqrt{3}+0.25} = 0.25 \times 60 \times (9.8\,\mathrm{N}) = 147\,\mathrm{N}$$

問 6　例題 1 で，そりが動きだし，一定の速度で動いているときの綱の張力を求めよ．動摩擦係数 μ' を 0.2 とせよ．2.1 節で学んだように，等速直線運動している物体に作用する外力の和は $\mathbf{0}$ である．

問 7　粗い床の上の質量 m の物体を横から一定の力 F で引いている．$\mu > \mu'$ として次の文の中から正しいものを選べ．

① 物体が動かなければ，$F = \mu mg$ である．

② 物体が動かなければ，$F < \mu mg$ である．

③ $F > \mu' mg$ ならば，物体は加速するかもしれない．

④ $F > \mu mg$ ならば，物体はかならず加速する．

⑤ $F > \mu' mg$ ならば，物体はかならず加速する．

内力と外力　図 4.18(a) のように水平でなめらかな床の上の台車 A, B を連結し，台車 A を $F = 40\,\mathrm{N}$ の力で引っ張ると，2 台の台車は動き出す．A と B の共通の加速度 $\boldsymbol{a}$ の大きさを a とし，台車 A, B の質量は $m_{\mathrm{A}} = 10.0\,\mathrm{kg}$, $m_{\mathrm{B}} = 6.0\,\mathrm{kg}$ とする．2 台の台車には鉛直方向に重力と床の垂直抗力が働くが，これらの力はつり合っている．

台車 A の水平方向の運動方程式は [図 4.18(c)]，$m_{\mathrm{A}}\boldsymbol{a} = \boldsymbol{F} + \boldsymbol{F}_{\mathrm{A \leftarrow B}}$

台車 B の水平方向の運動方程式は [図 4.18(b)]，$m_{\mathrm{B}}\boldsymbol{a} = \boldsymbol{F}_{\mathrm{B \leftarrow A}}$

2 式の左右両辺をそれぞれ加え，作用反作用の法則 $\boldsymbol{F}_{\mathrm{A \leftarrow B}} + \boldsymbol{F}_{\mathrm{B \leftarrow A}} = \boldsymbol{0}$ を使うと，

$$m_{\mathrm{A}}\boldsymbol{a} + m_{\mathrm{B}}\boldsymbol{a} = (m_{\mathrm{A}} + m_{\mathrm{B}})\boldsymbol{a} = \boldsymbol{F} \tag{4.15}$$

という式が得られるので，台車の加速度の大きさ a は，

$$a = \frac{F}{m_{\mathrm{A}} + m_{\mathrm{B}}} = \frac{40\,\mathrm{N}}{16.0\,\mathrm{kg}} = 2.5\,\mathrm{m/s^2}$$

水平方向の運動方程式 $(m_{\mathrm{A}} + m_{\mathrm{B}})\boldsymbol{a} = \boldsymbol{F}$ は，2 つの台車を質量 $m_{\mathrm{A}} + m_{\mathrm{B}}$ の一まとまりの物体と考えた場合，2 つの台車に外部から作用する水平方向の力が $\boldsymbol{F}$ だけである事実からただちに導ける [図 4.18(a)]．2 つの台車 A, B がたがいに及ぼしあう力の $\boldsymbol{F}_{\mathrm{A \leftarrow B}}$ と $\boldsymbol{F}_{\mathrm{B \leftarrow A}}$ は打ち消しあう．この場合の $\boldsymbol{F}_{\mathrm{A \leftarrow B}}$ と $\boldsymbol{F}_{\mathrm{B \leftarrow A}}$ のように，物体系の構成要素の間に働く力を**内力**という．$\boldsymbol{F}$ のように，物体系の外部から物体系の構成要素に働く力を**外力**という．物体系の全体としての運動は外力だけで決まり，内力は無関係である．

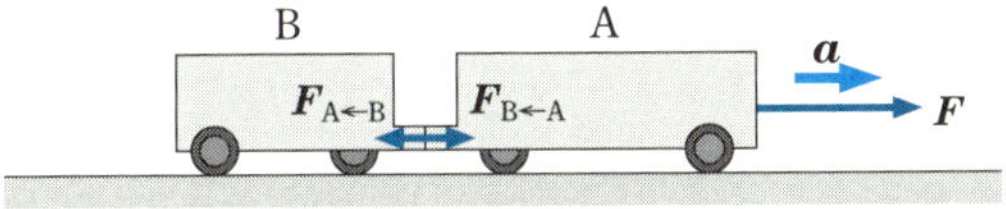

(a)　$(m_{\mathrm{A}} + m_{\mathrm{B}})\boldsymbol{a} = \boldsymbol{F}$

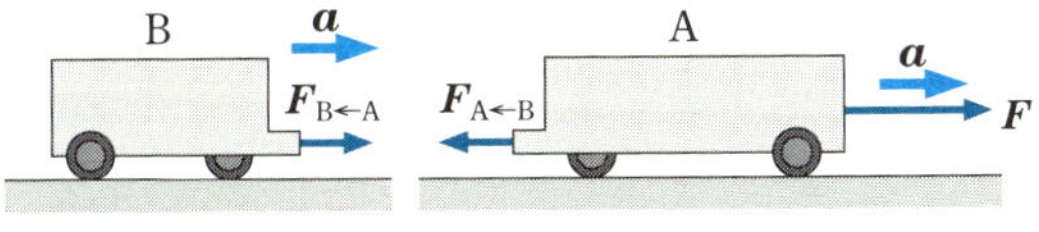

(b)　$m_{\mathrm{B}}\boldsymbol{a} = \boldsymbol{F}_{\mathrm{B \leftarrow A}}$　　(c)　$m_{\mathrm{A}}\boldsymbol{a} = \boldsymbol{F} + \boldsymbol{F}_{\mathrm{A \leftarrow B}}$

図 4.18

問 8　止まっている自動車のフロントガラスを乗客が内側から押す場合，自動車は動くか．

演習問題 4

1. スポンジを押しつぶすと，質量，慣性，体積，重量のどれが変化するか．
2. 図 1 のように荷物を中央にぶらさげた針金の一端を固定し，他端を強く引く場合，いくら強く引いても針金を一直線にできない理由を述べよ．

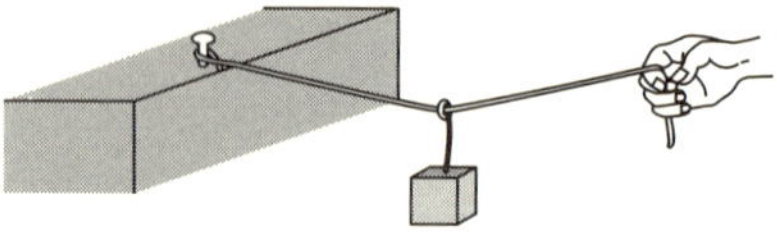

図 1

3. 一定の速度で飛行中の飛行機のエンジンの推力は 9000 N である．空気抵抗は何 N か．
4. 帆船が追い風を帆に受けて，等速直線運動を行っている．帆船に作用するすべての力の合力の向きと大きさについて述べよ．
5. 雪片が一定の速さで落下している．雪片に作用する合力の向きについて答えよ
6. 物体に一定の力が作用している．この力はどのような運動を生み出すか．
7. 物体にいくつかの力が作用するとき，同じ効果をもつ 1 つの力を何というか．
8. 箱を水平な床の上で滑らせる場合，押すのをやめるとやがて停止する．なぜか．
9. 質量 20 kg の物体に力が作用して，物体は 5 m/s^2 の加速度で運動している．物体に働く力の大きさはいくらか．
10. 2 kg の物体に 12 N の力が作用すると加速度はいくらになるか．
11. 一直線上を 30 m/s の速さで走っている質量 20 kg の物体を 6 秒間で停止させるには，平均どれだけの力を加えればよいか．
12. まっすぐな道路を走っている質量 1000 kg の自動車が 5 秒間に 20 m/s から 30 m/s に一様に加速された．加速されている間の自動車の加速度はいくらか．このとき働いた力の大きさはいくらか．
13. 質量 2000 kg の自動車が質量 500 kg のトレーラーを引いて，加速度が 1 m/s^2 の加速をしている．自動車がトレーラーを引く力は何 N か．トレーラーが自動車を引く力は何 N か．
14. 静止していた質量が 2 kg の物体に 20 N の力が 3 秒間作用したときの物体の速度を求めよ．
15. 空気抵抗が無視できる場合，物体が自由落下するときの加速度を何というか．
16. 質量 2 kg の金属の球を細い金属の線で吊ってある．金属の線が球に作用する力は何 N か．
17. 質量 m の本が机の上に置いてある．次の問に答えよ．
    (1) 本に働く力の合力はいくらか．
    (2) 机が本を押す力の大きさはいくらか．

(3)　本が机を押す力の大きさはいくらか.

18. 机の上に静止している本に静止摩擦力は働いているか.

19. 質量 M のエレベーターが質量 m の人を乗せて，ロープから張力 T を受けて上昇している．加速度はいくらか.

20. 図２の振り子のおもりが右から左に運動している．おもりが支点の真下の点Ｃに来たときに糸が切れた．おもりのその後の運動はどうなるか．点Ｅに来たときに糸が切れたらどうなるか.

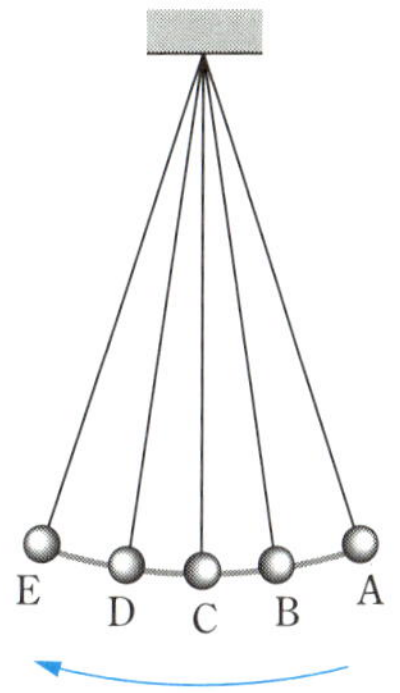

図２

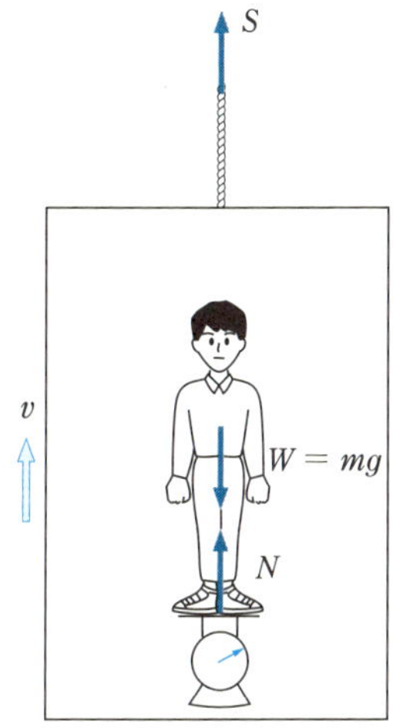

図３

21. 図３の一定速度で上昇中のエレベーターの乗客は床から垂直抗力 N の作用を受けている．乗客に作用する重力を W とすると，N と W の大小関係は次のどれか.
① $N > W$，② $N = W$，③ $N < W$.

22. 質量 m の物体をひもで吊るし，ひもを一定の速度で引き上げるとき，ひもの張力の大きさ T と重力の大きさ mg の関係は，① $T > mg$，② $T = mg$，③ $T < mg$ のどれか.

23. 前問で引き上げる速度が減速している場合には，T と mg の関係はどうなるか.

24. 床の上の質量 m の荷物を水平方向に大きさが F の力で押したが動かなかった．床が荷物に作用する摩擦力はいくらか．この力の大きさは μmg に等しいか.

25. ２人の男 A, B が軽い棒をもって引っ張りあっていたが，A が B を引きずりはじめた．このときの２人が棒を引く力の大きさ $F_{棒\leftarrow A}$，$F_{棒\leftarrow B}$ の大小関係を述べよ.

26. トラックと軽自動車が正面衝突した．トラックと軽自動車が衝突中に作用し合う力の大きさ $F_{トラック\leftarrow 軽}$，$F_{軽\leftarrow トラック}$ の大小関係を述べよ.

27. 作用反作用の法則を使って，ボートが進む理由を説明せよ.

28. 大人が子どもを押し進んでいる (図 4). 大人と子どもに作用するすべての力をベクトルで図示せよ. 力の大小関係がわかるように力のベクトルの長さを描け.

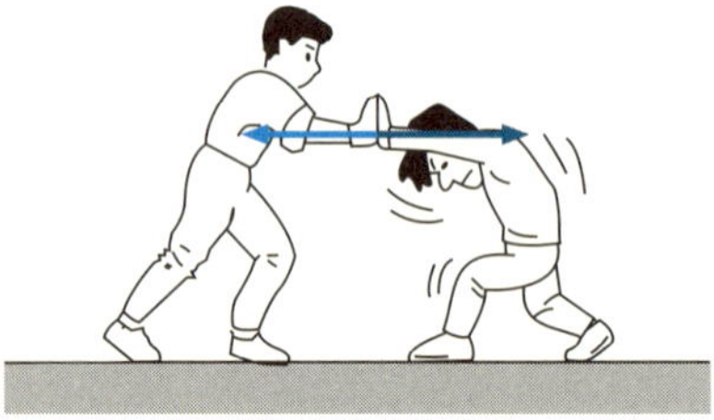

図 4

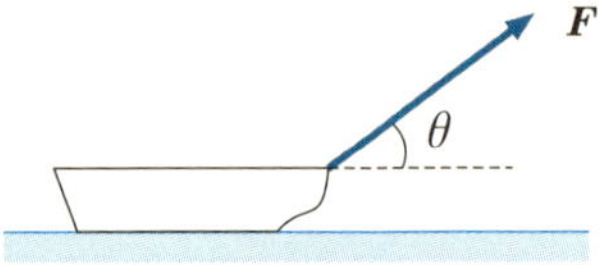

図 5

29. そりを図 5 のように力 $\boldsymbol{F}$ で引くと, そりは加速度 a で動きはじめた. そりには垂直抗力 $\boldsymbol{N}$, 重力 $\boldsymbol{W}$, 動摩擦力 $\boldsymbol{F}_{\text{動摩擦}}$ なども働いている. 次の問に答えよ.

(1) そりに働く合力の向きはどの方向を向いているか.

(2) そりの水平方向の運動方程式を記せ.

(3) そりの鉛直方向の運動方程式を記せ.

(4) 垂直抗力の大きさ N と重力の大きさ W の大小関係を述べよ.

30. 図 6 の (a) と (b) では, 台車はどちらが速く動くか. (a) では 400 g の台車をばね秤の値が 100 g になるように 0.98 N の力で水平に引き続ける. (b) では 400 g の台車と 100 g のおもりを, 軽い滑車にかけた糸で結ぶ.

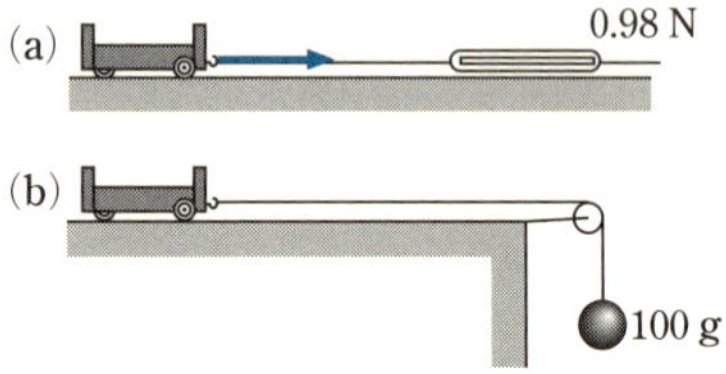

図 6

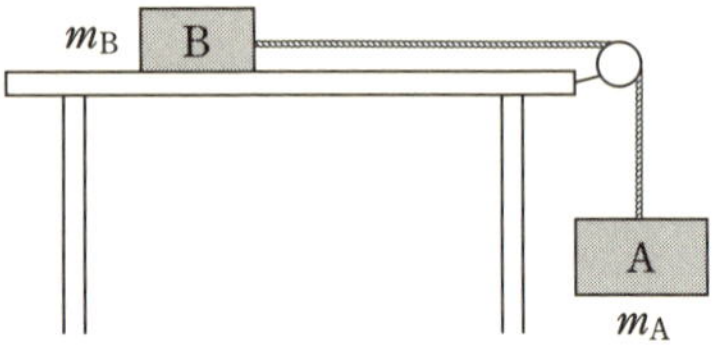

図 7

31. 図 7 の質量 m_A と m_B の物体を結ぶひもに作用する張力 S は, 落下している物体 A に働く重力 $m_A g$ より大きいか, 小さいか. m_B が大きくなると, 張力 S は大きくなるか, 小さくなるか.

32. 屋上から横に伸びている棒に滑車がついていて, ロープがかかっている. その一端をかごに固定し, もう一方の端をかごの乗客が引っ張ると乗客とかごは上昇できるか (図 8).

図 8

5 等速円運動

本章では，放物運動とともに簡単な平面運動の代表的な例である**等速円運動**を学ぶ．等速円運動とは円周上を一定の速さで周回する運動である．ひもの一端におもりをつけ，他端を手でもって水平面内でぐるぐる回すときのおもりの運動は，等速円運動である．

本章では，まず，等速円運動をしている物体の速度と加速度を，三角関数を使わずに学び，等速円運動している物体の速さ v と加速度の大きさ a は円軌道の半径 r と単位時間あたりの回転数 f あるいは角速度とよばれる単位時間あたりの回転角 ω で表せることを学ぶ．等速円運動の加速度が，向心加速度とよばれる理由を理解することも重要な学習目標である．

続いて，等速円運動の例として，人工衛星を学ぶ．

最後に，等速円運動をしている物体の位置，速度と加速度を三角関数を使って表すことを学ぶ．

物体が等速直線運動を行う条件は，慣性の法則によって，物体に力が作用しないことである．これに対して，等速円運動を行う物体には，向心力とよばれる，円運動の中心を向き，大きさが速さの 2 乗に比例し，半径に反比例する力が作用している．われわれが日常生活で体感している遠心力と向心力の関係も学ぶ．

5.1 等速円運動する物体の速度，加速度と運動方程式

速度　半径 r の円周上を単位時間あたり f 回転する物体の速さは

$$v = 2\pi rf \tag{5.1}$$

である．長さが $2\pi r$ の円周上を単位時間あたり f 回転すると，単位時間あたりの移動距離は $2\pi rf$ だからである．

角の単位としてラジアンを使うと，1 回転の回転角は $360° = 2\pi$ なので，$2\pi f$ は単位時間あたりの回転角である．そこで，$2\pi f$ を ω と記し，**角速度**という．

$$\omega = 2\pi f \qquad \text{角速度} = \text{回転角} \div \text{時間} = 2\pi \times \text{回転数} \div \text{時間} \tag{5.2}$$

角速度 ω を使うと，速度 $v = 2\pi rf$ は

$$v = r\omega \qquad \text{速度} = \text{半径} \times \text{角速度} \tag{5.3}$$

と表される．

各瞬間の速度 $\boldsymbol{v}$ は，運動の道筋である円の接線方向を向いているので，物体の位置ベクトル $\boldsymbol{r}$ と速度 $\boldsymbol{v}$ は垂直である[図 5.1，図 5.2(a)]．

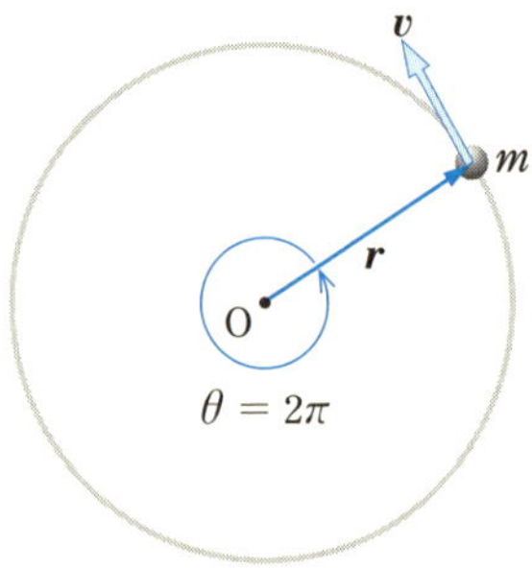

図 5.1　$\boldsymbol{r} \perp \boldsymbol{v}$．1 周すれば回転角は 2π

加速度　各瞬間の速度ベクトル $\boldsymbol{v}$ の根本を 1 点に集めて，図 5.2(b) のようなグラフを描く．このような速度ベクトルのグラフを**ホドグラフ**という．長さ $v = r\omega$ の速度ベクトルの先端は，長さが $2\pi v = 2\pi r\omega$ の円周上を 1 秒間に f 回転の割合で等速円運動を行う．位置ベクトルの先端の移動速度が物体の速度であるように，ホドグラフの速度ベクトルの先端の移動速度が，速度の時間変化率の加速度であ

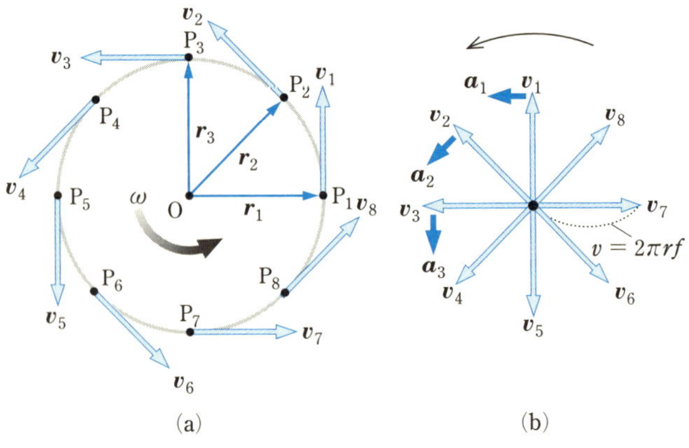

図 5.2　等速円運動のホドグラフ

る．したがって，等速円運動の加速度の大きさ a は，$2\pi v = 2\pi r\omega$ の f 倍の $2\pi r\omega f = v\omega = r\omega^2$ なので，

$$a = v\omega = r\omega^2 = \frac{v^2}{r} \qquad （等速円運動の加速度の大きさ） \tag{5.4}$$

等速円運動の加速度の大きさは，速さの 2 乗に比例し，半径に反比例する．

図 5.2(b) からわかるように，加速度 $\boldsymbol{a}$ の向きは速度 $\boldsymbol{v}$ に垂直で，円の中心 O を向いている (図 5.3)．そこで，(5.4) 式の $a = r\omega^2$ をベクトルの式として，

$$\boldsymbol{a} = -\omega^2 \boldsymbol{r} \tag{5.5}$$

と表すことができる．この中心を向いた加速度 $\boldsymbol{a}$ を**向心加速度**という．ベクトルの式である (5.5) 式を成分の式として表すと，

$$a_x = -\omega^2 x, \qquad a_y = -\omega^2 y \tag{5.6}$$

となる．等速円運動を x 軸，y 軸に投影した影の運動方程式である．

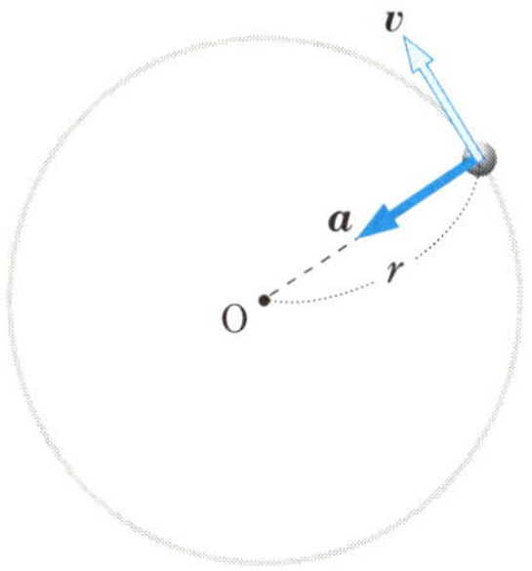

図 5.3　$\boldsymbol{v} \perp \boldsymbol{a}$

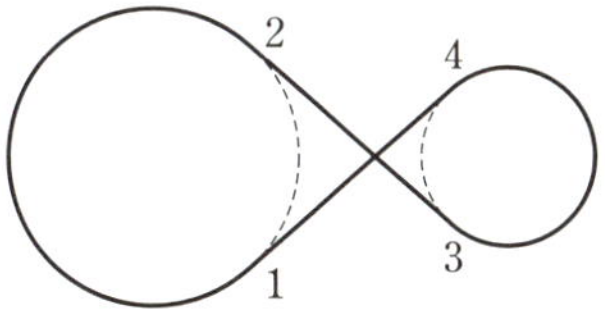

図 5.4

問 1　図 5.4 のような水平な道路を一定の速さで走っている自動車がある．1 → 2，2 → 3，3 → 4，4 → 1 の 4 つの部分で，(1) 加速度の大きさが最大の部分はどこか．(2) 加速度の大きさが最小の部分はどこか．

周期運動と周期　　等速円運動のように，一定の時間ごとに同じ状態を繰り返す運動を**周期運動**といい，一定の時間を**周期**という．周期 T は単位時間あたりの回転数 f の逆数

$$T = \frac{1}{f} \tag{5.7}$$

であり，$fT = 1$ (「単位時間あたりの回転数」×「周期」＝ 1)を満たす．

等速円運動する物体の運動方程式　「力」＝「質量」×「加速度」なので，半径 r の円周上を等速円運動している質量 m の物体の運動方程式は

$$F = mv\omega = mr\omega^2 = m\frac{v^2}{r} \quad \text{（半径方向の運動方程式）} \tag{5.8a}$$

$$\boldsymbol{F} = -m\omega^2\boldsymbol{r} \quad \text{（ベクトル形の運動方程式）} \tag{5.8b}$$

である（図 5.5）．つまり，この物体には大きさが（5.8a）式で表される円の中心を向いた力が作用している．この中心を向いた力を**向心力**という．ただし，向心力という特別な種類の力が存在するわけではない．たとえば，子どもがメリーゴーランドの木馬に乗っている場合には，木馬が作用する内向きの力が向心力である．

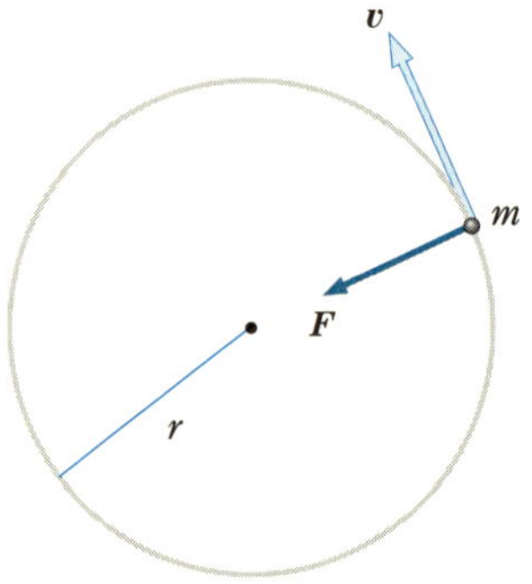

図 5.5　向心力 $\boldsymbol{F}$

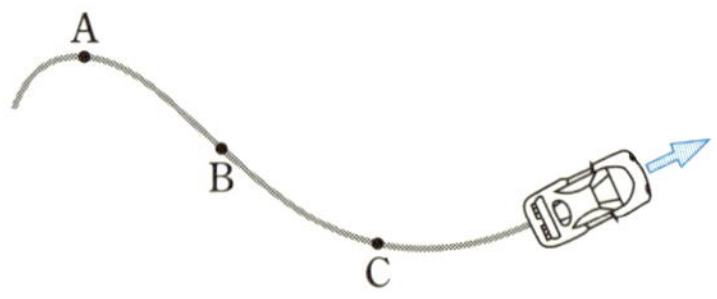

図 5.6

問 2　図 5.6 の曲線上を自動車が一定の速さで動くとき，自動車が点 A, B, C を通過するときに働く力の合力の方向と相対的な大きさを，矢印で示せ．

例題 1　　半径 5 m のメリーゴーランドが周期 10 秒で回転している．

（1）　1 秒あたりの回転数 f を求めよ．

（2）　中心から 4 m のところにある木馬の速さ v を求めよ．

（3）　この木馬の加速度の大きさ a を求めよ．

（4）　この木馬に体重 25 kg の子どもが乗っている．この子どもに木馬が作用する向心力の大きさを求めよ．向心力の大きさは重力の大きさの何倍か．

解　（1）　$f = \dfrac{1}{T} = \dfrac{1}{10\,\mathrm{s}} = 0.1\,\mathrm{s^{-1}}$

（2）　$v = 2\pi rf = 2\pi \times (4\,\mathrm{m}) \times (0.1\,\mathrm{s^{-1}}) = 2.5\,\mathrm{m/s}$

(3)　$a = \dfrac{v^2}{r} = \dfrac{(2.5\,\mathrm{m/s})^2}{4\,\mathrm{m}} = 1.6\,\mathrm{m/s^2}$

(4)　$F = ma = (25\,\mathrm{kg})\times(1.6\,\mathrm{m/s^2}) = 40\,\mathrm{N}$.

$W = (25\,\mathrm{kg})\times(9.8\,\mathrm{m/s^2}) = 245\,\mathrm{N}$.

$\dfrac{40\,\mathrm{N}}{245\,\mathrm{N}} = 0.16$，0.16 倍

高速道路のインターチェンジは，直線と円の組み合わせではなく，図 5.7 のような，直線部に近いところではカーブが緩やかで直線部から離れるのにつれてカーブが急になる形をしている．この理由は，直線と円の組み合わせの場合には，直線部から円弧の部分に入った瞬間に，質量 m の乗客は中心方向を向いた大きさが $m\dfrac{v^2}{r}$ の力の作用を急激に受けはじめるので危険であり，乗り心地が悪いが，図 5.7 のようになっていれば，カーブの半径（曲率半径）が徐々に小さくなるので，中心を向いた力の強さが 0 から徐々に増えていき，また円弧部から直線部に近づくのにつれて中心を向いた力が徐々に減っていくので安全だからである．

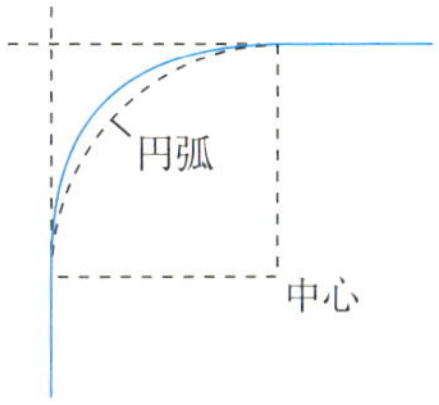

図 5.7

図 5.8

問 3　カーブで自動車の乗客に働く向心力は何が作用する力か．

問 4　水の入っているバケツを手でもって鉛直面内で等速円運動させる．手がバケツに作用する力の大きさは一定か．一定でなければ，図 5.8 のどの位置で最大になるか．速く回すので，水はこぼれないとする．

例題 2　自動車がカーブを曲がるときには，路面が自動車に向心力を作用している．路面が水平なら，向心力は路面がタイヤに横向きに作用する摩擦力である．しかし，摩擦力の大きさには限界があるので，高速道路のカーブでは内側の方が低いように作られている．路面が自動車に作用する垂直抗力が水平方向成分をもち，曲がるために必要な中心方向を向いた摩擦力の大きさを減らし，横方向へのスリップの危険性を減らすためである (図 5.9).

半径 100 m のカーブを 72 km/h = 20 m/s で走るときに摩擦力が 0 になるような路面の傾きの角 θ を求めよ．

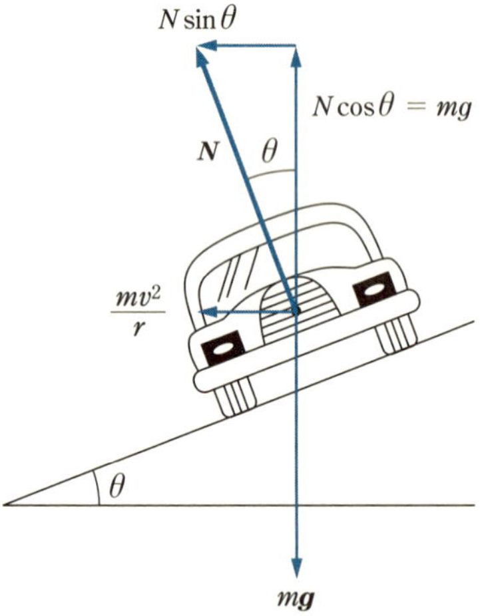

図 5.9

解　向心加速度の大きさは $a = \dfrac{v^2}{r} = \dfrac{(20\ \mathrm{m/s})^2}{100\ \mathrm{m}} = 4\ \mathrm{m/s^2}$

鉛直方向のつり合い条件は，$N\cos\theta = mg$

横方向に摩擦力が働かないとすると，向心力は垂直抗力 N の水平方向成分 $N\sin\theta$ なので，運動方程式は

$$m\frac{v^2}{r} = N\sin\theta = mg\tan\theta$$

である．したがって，摩擦力が 0 になる条件は

$$\frac{v^2}{r} = g\tan\theta \qquad \therefore \quad \tan\theta = \frac{v^2}{gr} = \frac{(20\ \mathrm{m/s})^2}{(9.8\ \mathrm{m/s^2})\times(100\ \mathrm{m})} = 0.4$$

したがって，路面の傾きの角 θ は $\theta = 22°$ で，かなり急斜面である．

遠心力　慣性の法則によれば，等速直線運動している電車の中で静止している乗客に作用する力の合力は **0** である．等速円運動をしている乗り物の中で静止している乗客に作用する力の合力は向心力であり，**0** ではない．しかし，円運動している乗り物の中で静止している乗客が，自分が静止しているのは自分に作用する力の合力が **0** であるためだと考えるときに導入しなければならない見かけの力が**遠心力**である．向心力の効果を打ち消すために導入する遠心力は，向心力と同じ大きさをもち，円軌道の外側を向いている（図 5.10）．

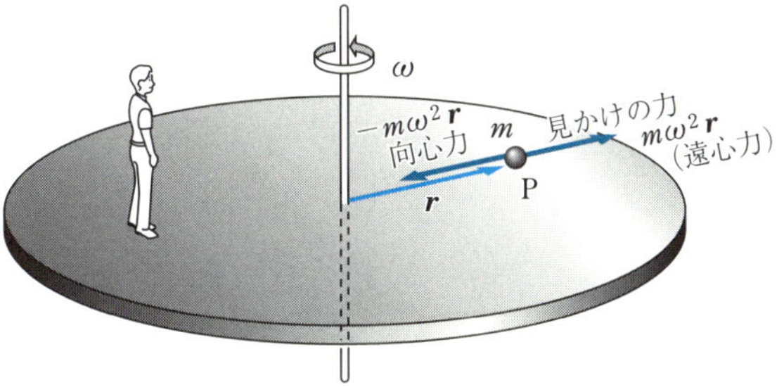

図 5.10　向心力と遠心力

$$\boldsymbol{F} = m\omega^2\boldsymbol{r} \qquad \text{（遠心力）} \tag{5.9}$$

$$F = m\frac{v^2}{r} = m\omega^2 r \qquad \text{（遠心力の大きさ）} \tag{5.10}$$

遠心力を見かけの力とよぶ理由は，遠心力を作用している物体が存在せず，作用反作用の法則にしたがわないためである．

遠心力は見かけの力であるが，カーブを高速で走るときに，道路から飛び出す可能性を適切に判断し，安全に走行するには，運転者が自己中心的に考えて，自動車には遠心力という，大きさが $m\dfrac{v^2}{r}$ で，円の外側を向いた力が作用していて，この力につり合う大きさの円の内側を向いた向心力を路面が作用できるかどうかを考えるのがよい．つり合えば，道路から飛び出さないが，つり合わなかったら，道路から飛び出すと考えるのである．遠心力の大きさは，速さの 2 乗に比例し，カーブの半径に反比例する．たとえば，速さが 2 倍になれば，遠心力の大きさは 4 倍になる．スピードを出しすぎるのは危険である．

5.2 人工衛星

ニュートンは「高い山の上から水平に物体を投射すると，投射速度が小さい間は，物体は放物線を描いて地上に落下する．しかし，投射速度を大きくしていくと，地球は丸いので，物体の軌道は放物線からずれて図 5.11 の B, C, D のようになる．さらに投射速度を大きくすると，物体は地球のまわりで円軌道を描いて回転するだろう」と著書に書き，人工衛星の可能性を予想していた．

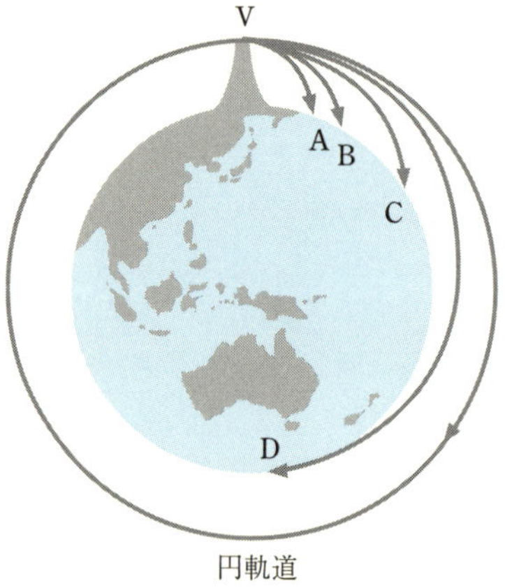

図 5.11 ニュートンの予想

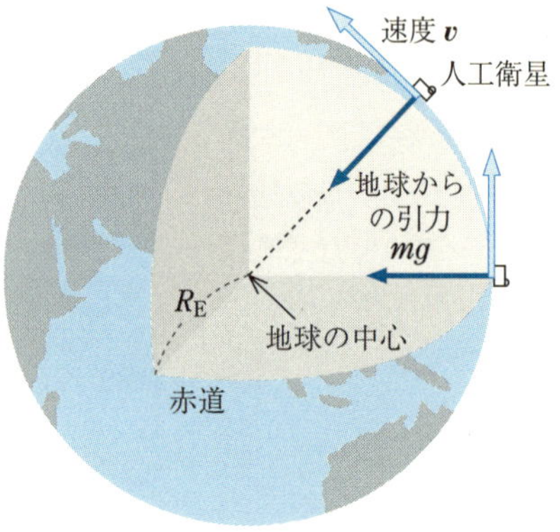

図 5.12 $m\dfrac{v^2}{R_E} = mg$

前節で学んだように，半径 $R_E = 6370\,\mathrm{km}$ の地表にすれすれの円周上を速さ v で等速円運動している質量 m の物体は，地球の中心を向いた，大きさが $m\dfrac{v^2}{R_E}$ の力の作用を受けている．この引力は地球の重力 mg なので，運動方程式は

$$m\frac{v^2}{R_E} = mg \tag{5.11}$$

となる（図 5.12）．地表にすれすれの円軌道を回転する人工衛星の速さ v は

$$v = \sqrt{R_E g} = \sqrt{(6.37\times10^6\,\mathrm{m})\times(9.8\,\mathrm{m/s^2})} = 7.9\times10^3\,\mathrm{m/s}$$

つまり，この人工衛星は秒速 7.9 km で地球のまわりを回転する．周期 T は，

$$T = \frac{2\pi R_E}{v} = \frac{2\pi\times(6.37\times10^6\,\mathrm{m})}{7.9\times10^3\,\mathrm{m/s}} = 5.06\times10^3\,\mathrm{s} = 84\,\mathrm{min}.$$

なので，84 分である．なお，地表にすれすれの人工衛星は空気の抵抗のために実現不可能である．

万有引力　ニュートンは，すべての 2 物体は質量の積に比例し，距離の 2 乗に反比例する引力で引き合っていると考え，この力を万有引力とよんだ．

万有引力の法則　2 物体の間に働く万有引力の強さ F は，2 物体の質量 m_1 と m_2 の積の m_1m_2 に比例し，物体間の距離 r の 2 乗に反比例する．

$$F = G\frac{m_1m_2}{r^2} \quad （万有引力） \qquad (5.12)$$

（図 5.13）．比例定数 G は重力定数とよばれ，

$$G = 6.67\times10^{-11}\ \mathrm{m^3/(kg\cdot s^2)} \qquad (5.13)$$

である．広がった 2 つの球対称な物体の間に働く万有引力は，(5.12) 式の r を 2 物体の中心の距離だとすればよい．

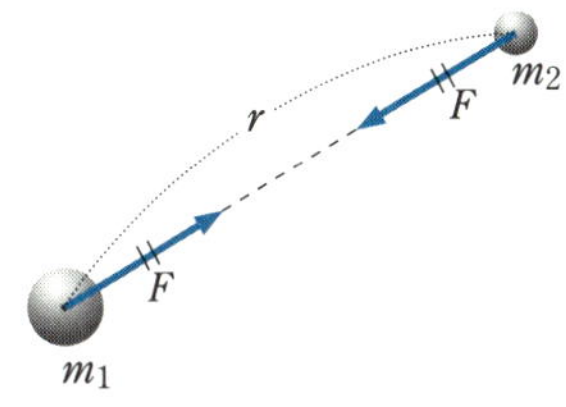

図 5.13　万有引力

問 5　(1)　距離が 2 倍になると万有引力は何倍になるか．
(2)　太陽が地球に及ぼす万有引力と地球が太陽に及ぼす万有引力を比べよ．

地上の物体（質量 m）に働く重力 mg は，地球（質量 m_{E}，半径 R_{E}）が物体に及ぼす万有引力 $F = G\dfrac{mm_{\mathrm{E}}}{R_{\mathrm{E}}{}^2}$ なので，$mg = G\dfrac{mm_{\mathrm{E}}}{R_{\mathrm{E}}{}^2}$ から重力加速度は

$$g = G\frac{m_{\mathrm{E}}}{R_{\mathrm{E}}{}^2} \qquad (5.14)$$

と表される．人工衛星が地球の表面から離れていくと，地球の重力の強さは，地球の中心からの距離 r の 2 乗に反比例して弱くなっていく．地球のまわりで半径 r の円運動を行う人工衛星の運動方程式は，

$$m\frac{v^2}{r} = G\frac{mm_{\mathrm{E}}}{r^2} = \frac{mgR_{\mathrm{E}}{}^2}{r^2} \qquad (5.15)$$

である．

問 6　地球のまわりで半径 r の円運動を行う人工衛星の周期 T の 2 乗は半径 r の 3 乗に比例することを示せ．(5.15) 式と関係 $vT = 2\pi r$ を使え．

5.3 等速円運動する物体の位置，速度，加速度

角位置　半径 r の円周上を運動する質点Pの位置は，動径とよばれるOPが基準の向きの $+x$ 軸となす角 θ で定められる．そこで，角 θ を質点Pの角位置という．図5.14には，$0 \leqq \theta \leqq 2\pi$ の場合が示されているが，等速円運動ではいくらでも大きな回転角＝角位置 θ が考えられる．また，回転の向きを考える必要がある．そこで，角位置 θ には符号があり，動径OPが時計の針と逆回りに回転したときの θ を正，時計回りに回転したときの θ を負と約束する．

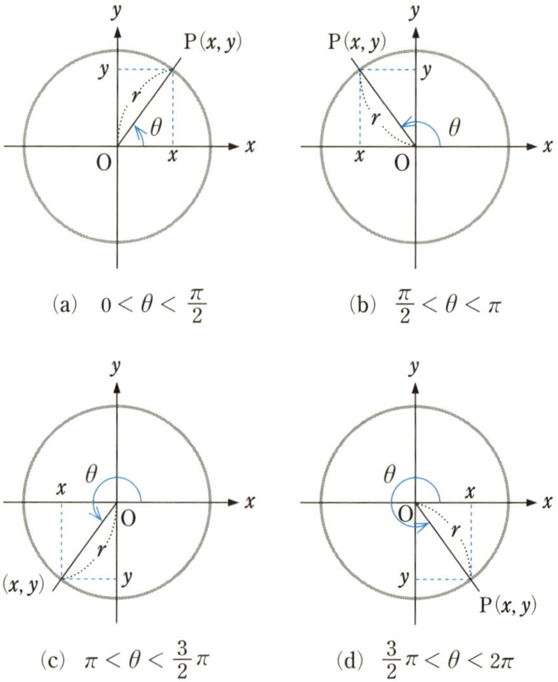

図5.14

角 θ が鋭角 $\left(0 < \theta < \frac{\pi}{2}\right)$ の場合には，三角比の定義によって，

$$\sin\theta = \frac{y}{r}, \qquad \cos\theta = \frac{x}{r} \tag{5.16}$$

である．これらの関係がすべての大きさの角 θ でも成り立つと考え，(5.16)式によって一般の角 θ に対する $\sin\theta$ と $\cos\theta$ を定義する．

等速円運動している物体の位置，速度と加速度　「角速度」=「回転角」÷「時間」なので，角速度 ω の質点の角位置 θ は，時間 t が経過すると ωt 増加する．時刻 $t=0$ での質点の角位置が θ_0 だとすると，時刻 t での角位置 θ は

$$\theta = \omega t + \theta_0 \tag{5.17}$$

となる．

(5.16) 式から，半径 r の等速円運動を行う質点 P の位置座標 x, y は，

$$x = r\cos\theta, \qquad y = r\sin\theta \tag{5.18}$$

と表せるので，質点 P の位置は，$\theta = \omega t + \theta_0$ を (5.18) 式に代入した，

$$x = r\cos(\omega t + \theta_0), \qquad y = r\sin(\omega t + \theta_0) \tag{5.19}$$

である (図 5.15)．

この質点の速度 $\boldsymbol{v} = (v_x, v_y)$ は，位置ベクトル $\boldsymbol{r}$ に垂直で，大きさが $v = r\omega$ だという性質を使い，図 5.15 を参考にすると，

$$v_x = -r\omega\sin(\omega t + \theta_0), \qquad v_y = r\omega\cos(\omega t + \theta_0) \tag{5.20}$$

である．

この質点の加速度 $\boldsymbol{a} = (a_x, a_y)$ は，(5.6) 式によって，$a_x = -\omega^2 x$, $a_y = -\omega^2 y$ なので，次のように表される．

$$a_x = -r\omega^2\cos(\omega t + \theta_0), \qquad a_y = -r\omega^2\sin(\omega t + \theta_0) \tag{5.21}$$

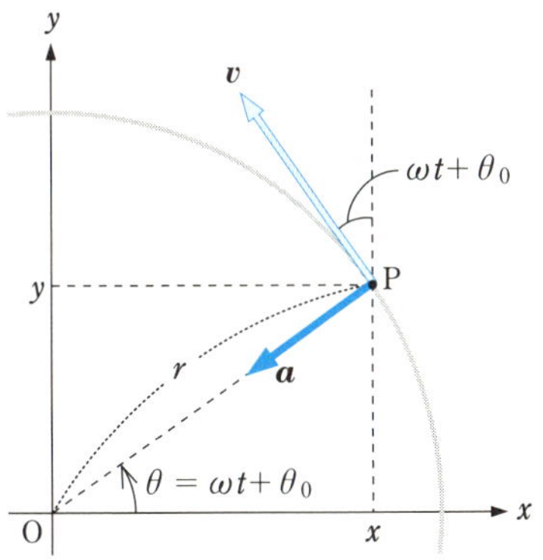

図 5.15　$x = r\cos(\omega t + \theta_0)$，$y = r\sin(\omega t + \theta_0)$

演習問題 5

1. 次の文章は正しいか.
等速円運動をしている物体には円の接線方向を向いている力が作用している.

2. 丸い丘を越える道を走っている自動車（質量 m）に路面が作用する垂直抗力の大きさ N と自動車に作用する重力の大きさ mg を比較せよ.

3. 半径 1 m の等速円運動をしているおもちゃの自動車の向心加速度が重力加速度と同じ大きさになるのは，自動車の速さがどのくらいのときか.

4. 図 1 に示すように，糸に質量 m のおもりをつけ，糸がたるまないようにおもりを引き上げて静かに放す．おもりが最低点を通過する瞬間，おもりが糸から受ける張力の大きさ S は次のどれか.

ア　$S < mg$　　イ　$S = mg$　　ウ　$S > mg$

5. 糸におもりをつけ糸が水平になるようにして静かに放し，振動させた．おもりが最高点の水平な位置に来たときの糸の張力を求めよ (図 2)

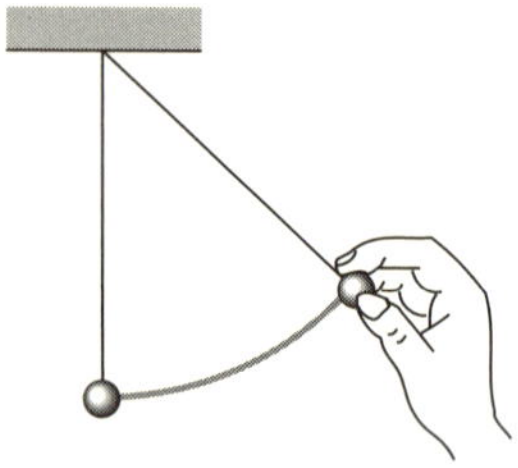

図 1

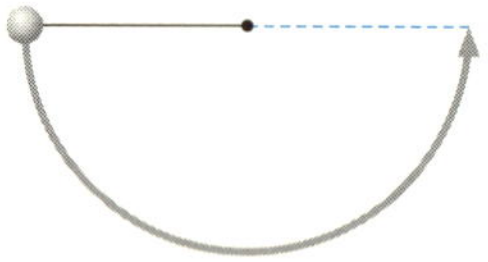

図 2

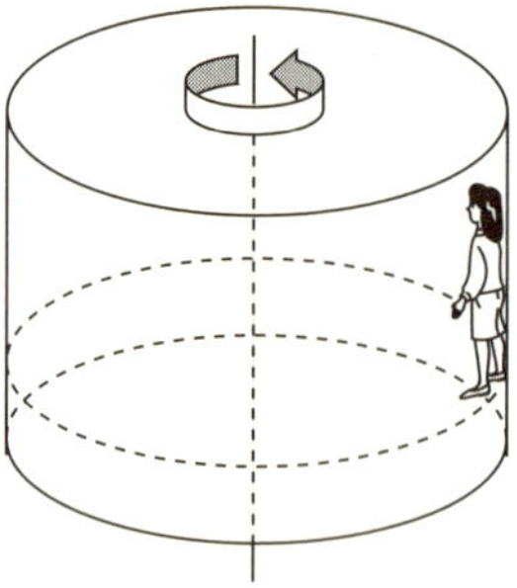

図 3

6. ある遊園地には，中空な円筒が中心軸のまわりに回転できるようになっているローターとよばれる遊具がある．回転しているローターの壁に背をつけて立つ (図 3)．乗客には，重力 $\boldsymbol{W}$ および壁の作用する摩擦力 $\boldsymbol{F}$ と垂直抗力 $\boldsymbol{N}$ が作用する．これらの力を表すベクトルと合力を図 3 に記入せよ.

7. 10 kg の物体が水平な回転台の上の軸から 0.5 m のところにおいてある．物体と台の間の静止摩擦係数は 0.2 である．台が回転しはじめた場合，物体が滑り出す最小の 1 秒あたりの回転数 f を求めよ.

8. ある自転車の車輪の直径は 60 cm である．車輪が，路面との接触点で滑らずに，1 分間に 150 回転しながら自転車が走行しているとき，自転車の速度を求めよ.

9. **静止衛星** ▌地球の自転の角速度と同じ角速度 ω で赤道上空を等速円運動するので，地表からは赤道上空の 1 点に静止しているように見える人工衛星を静止衛星という．地表からの静止衛星の高さ h を求めよ．地球の半径 R_E を 6400 km とせよ.

6

仕事とエネルギー

第4章で学んだニュートンの運動の第2法則は，各瞬間での速度の変化率（速度が時間とともに変化する割合）である加速度に対する法則である．2つの時刻での速度の関係を求めるには，第2章で学んだように，2つの時刻の間を微小な時間にわけ，各微小時間での「速度の微小変化」を「加速度」×「微小時間」として求め，それを加え合わせる必要がある．

これに対して，2つの時刻での物理量の値の関係を直接に与える法則がある．本章で学ぶ仕事と運動エネルギーの関係およびエネルギー保存則，次章で学ぶ力積と運動量の関係などである．これらの関係は，複雑に変化する自然現象の中に簡単な関係が存在することを示し，複雑な現象を理解する鍵になる．

本章で学ぶ力学的エネルギーとよばれる運動エネルギーと位置エネルギーは熱，電気エネルギー，化学エネルギーなどのいろいろな形態のエネルギーと相互転換するので，エネルギーという概念とエネルギー保存則は，力学，熱学，電磁気学などを結び付けて統一的に理解する鍵である．エネルギーを理解し，形態や存在場所が移り変わるエネルギーの流れを追っていくと，自然現象の理解が深まる．

位置エネルギーと運動エネルギーが相互転換する場合には，力が行う仕事が仲立ちをする．エネルギーは日常用語として使用されているが，語源はギリシャ語で仕事を意味するエルゴンである．物理用語としてのエネルギーの意味は「仕事をする能力」だと考えてよい．

本章の学習では，仕事とエネルギーを理解し，仕事と運動エネルギーの関係およびエネルギー保存則を理解することが主要目標である．

6.1 仕　　事

力の向きと移動の向きが同じ場合の仕事 $W = Fs$　　物理学では，一定な力 $\boldsymbol{F}$ が物体に作用して，物体が力 $\boldsymbol{F}$ の方向に距離 s だけ移動したとき，この力は

$$W = Fs \quad \text{仕事} = \text{力の大きさ} \times \text{移動距離} \tag{6.1}$$

という量の**仕事**をしたという（図 6.1）．仕事の単位は，力の単位の N = kg·m/s^2 と長さの単位 m の積の N·m = kg·m^2/s^2 で，ジュールという（記号 J）．

$$\mathrm{J} = \mathrm{N \cdot m} = \mathrm{kg \cdot m^2/s^2} \tag{6.2}$$

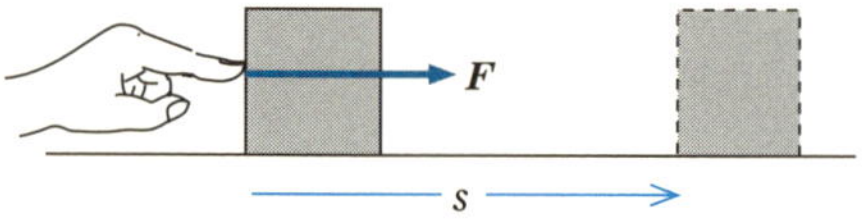

図 6.1　$W = Fs$

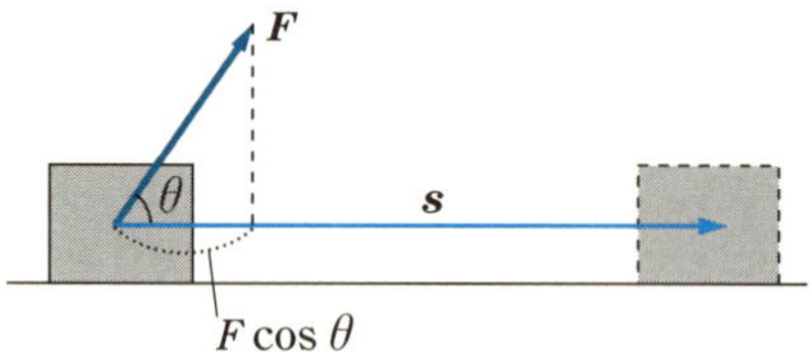

図 6.2　$W = Fs\cos\theta$

力の向きと移動の向きが異なる場合 $W = Fs\cos\theta$　　物体の移動の向きと一定な力 $\boldsymbol{F}$ の向きが一致せず，角 θ をなしている場合には，

「力 $\boldsymbol{F}$ がした仕事 W」＝「力 $\boldsymbol{F}$ の移動方向成分 $F\cos\theta$」×「移動距離 s」

$$W = Fs\cos\theta \tag{6.3}$$

である（図 6.2）．(6.3) 式の「仕事 W」は「力の大きさ F」×「力 $\boldsymbol{F}$ の方向への移動距離 $s\cos\theta$」でもある．

物体に働く力は 1 つとは限らない．図 6.1 の物体には力 $\boldsymbol{F}$ のほかに垂直抗力，重力，動摩擦力が作用する．(6.1) 式はそのうちの 1 つの力 $\boldsymbol{F}$ がする仕事である．床が作用する動摩擦力の向きは物体の運動の向きと逆で $\cos\theta = \cos 180° = -1$ なので，動摩擦力がする仕事は負の量である．地面が物体に作用する垂直抗力は，力と速度が垂直で $\cos\theta = \cos 90° = 0$ なので，仕事をしない（$W = 0$）．

例 1　重い車を一定の力 $\boldsymbol{F}$ で押して坂道を距離 s だけ登った場合，力が車にした仕事は Fs である［図 6.3(a)］．

坂の途中で立ち止まって車を支えている場合，人は疲れるが，移動距離 s は 0 なので，物理学では力がした仕事は 0 である［図 6.3(b)］．

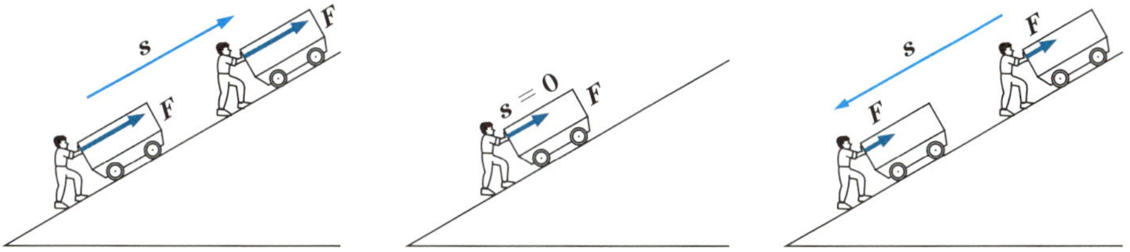

(a) $W = Fs > 0.$　　(b) $W = 0.$　　(c) $W = -Fs < 0.$

図 6.3

力が足りなくて，車が距離 s だけずり落ちた場合には，力の向きへの移動距離は $-s$ なので，力がした仕事は負の量 $-Fs$ である［図 6.3(c)］.

例題 1　クレーンが質量 1 t（トン）= 1000 kg の鋼材を地面から高さ 25 m までゆっくり持ち上げるとき，クレーンのする仕事 W を求めよ（図 6.4）.

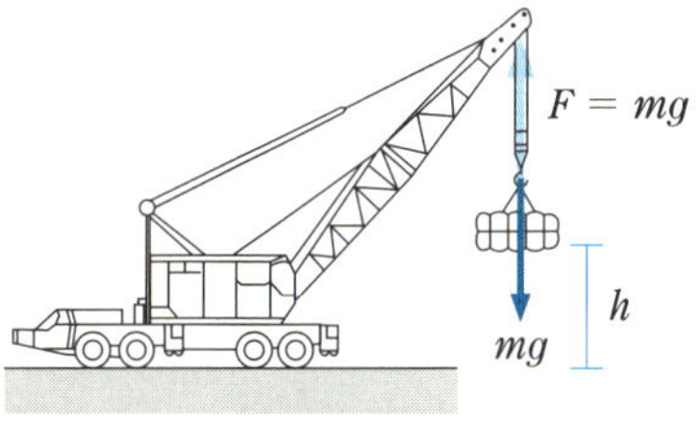

図 6.4

解　質量 m の物体を重力 mg にさからってゆっくり持ち上げるときの力の強さ F はほぼ mg である．力の方向の移動距離 s は高さ h なので，仕事 W は $W = mg \times h = mgh$．$mg = (1000\ \mathrm{kg}) \times (9.8\ \mathrm{m/s^2}) = 9800\ \mathrm{N}$，$h = 25\ \mathrm{m}$ なので，

$$W = mgh = (9800\ \mathrm{N}) \times (25\ \mathrm{m}) = 2.45 \times 10^5\ \mathrm{J} = 245\ \mathrm{kJ}$$

仕事率　単位時間あたりに行れる仕事を**仕事率**あるいは**パワー**という．時間 t に行われる仕事を W とすると，仕事率 P は仕事 W を時間 t で割った量，

$$P = \frac{W}{t} \qquad \text{仕事率（パワー）} = \frac{\text{仕事}}{\text{時間}} \tag{6.4}$$

である．仕事率の国際単位は，「仕事の単位 J」÷「時間の単位 s」で，これをワットという（記号 W）.

$$\mathrm{W} = \mathrm{J/s} \tag{6.5}$$

例題 2　クレーンが 1000 kg のコンテナを 20 秒間で 25 m の高さまで吊り上げた．このクレーンの仕事率（パワー）P を計算せよ.

解　クレーンが行った仕事 W は例題 1 から $W = mgh = 2.45 \times 10^5\ \mathrm{J}$ なので，

$$P = \frac{W}{t} = \frac{mgh}{t} = \frac{2.45 \times 10^5\ \mathrm{J}}{20\ \mathrm{s}} = 1.2 \times 10^4\ \mathrm{W} = 12\ \mathrm{kW}$$

6.2 力学的エネルギー ＝ 位置エネルギー ＋ 運動エネルギー

質量 m の物体が高さ h だけ落下するとき重力がする仕事は mgh　高さ h の所にある質量 m の物体が床まで自由落下するとき，重力の方向と物体の移動方向は同じなので，物体に働く重力 mg は mgh という仕事をする［図 6.5(a)］.

高さ h の斜面の上から質量 m の物体が滑り落ちるときには，重力の方向への移動距離は $h = s\cos\theta$ なので，重力のする仕事は mgh である［図 6.5(b)］.

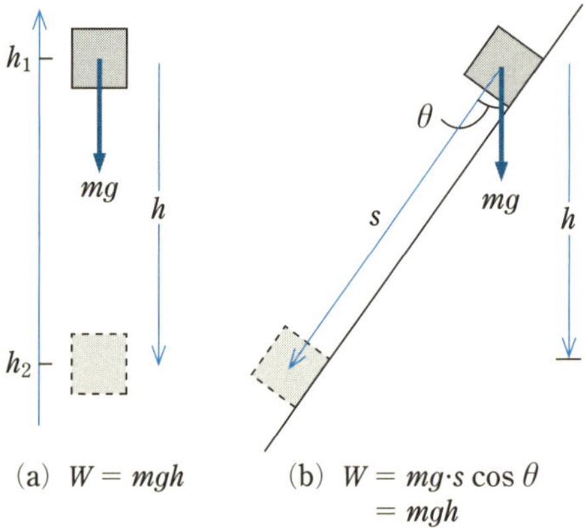

図 6.5　重力がする仕事

質量 m の物体が，高さ h だけ低いところに移動するとき，どのような経路で移動しても，重力 mg のする仕事 W はつねに mgh である.

$$W = mgh \tag{6.6}$$

質量 m の物体が高さ h だけ上昇するとき重力がする仕事は負で $-mgh$　大きさが mg の重力の方向への移動距離は $-h$ だからである.

高さ h の所にある質量 m の物体は重力による位置エネルギ mgh をもつ　質量 m の物体が点 1（高さ h_1）から点 2（高さ h_2）まで高さ $h = h_1 - h_2$ だけ落下するときに，重力のする仕事 $W_{1\to 2}$ は，(6.6) 式から次のように表される.

$$W_{1\to 2} = mg(h_1 - h_2) = mgh_1 - mgh_2 \tag{6.7}$$

この式は，終点 2 が始点 1 より高く，$h_1 - h_2 < 0$ の場合でも成り立つ.

そこで高さが h の所にある質量 m の物体は**重力による位置エネルギー**

$$U(h) = mgh \tag{6.8}$$

をもつと考える．そうすると，重力のする仕事の (6.7) 式は

$$W_{1\to 2} = U(h_1) - U(h_2) \tag{6.9}$$

と表される．この式は，高いところにある物体が落下するときには，重力による位置エネルギーが減少し，減少分に等しい仕事を重力がすることを示す．位置エ

ネルギーは，高い位置に存在する物体がもつ仕事をする能力である．重力による位置エネルギーの単位は仕事の単位と同じジュール $\mathrm{J = kg \cdot m^2/s^2}$ である．

ジェットコースターがコースを1周するときには，始点と終点は同じ点なので(6.9)式で $h_1 = h_2$ とおくと，重力が乗客にする仕事は0であることがわかる．下降するときの正の仕事と上昇するときの負の仕事が打ち消すからである．

質量 m の物体を斜めにゆっくりと高さ h の所に持ち上げるときに手が物体に作用する力 $\boldsymbol{F}$ は，重力とほぼつり合う力なので，大きさがほぼ mg で向きはほぼ鉛直上向きの力である．どのような経路で持ち上げても，力 $\boldsymbol{F}$ の向きへの移動距離は h なので（図6.6），手の力がする仕事 W は mgh である．したがって，質量 m の物体を高さ h の所にゆっくり持ち上げるときの仕事は mgh である．この手の行った仕事は重力による位置エネルギーになる．

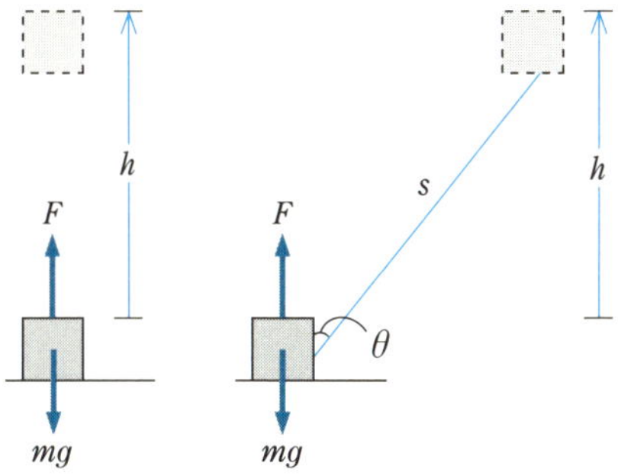

(a) $W = mgh$　　(b) $W = mg \cdot s \cos\theta = mgh$

図6.6　手の力 $\boldsymbol{F}$ のする仕事

運動エネルギー　速さ v で運動している質量 m の物体は**運動エネルギー**

$$K = \frac{1}{2}mv^2 \tag{6.10}$$

をもつ．次頁に示す，仕事と運動エネルギーの関係が成り立つからである．運動エネルギーの単位はジュール $\mathrm{J = kg \cdot m^2/s^2}$ である．いろいろな形態のエネルギーが存在するが，すべての形態のエネルギーの単位はジュールJである．

位置エネルギーと運動エネルギーの和を**力学的エネルギー**という．

例2　速さが 144 km/h = 40 m/s で質量が 150 g の野球のボールの運動エネルギーは $\frac{1}{2} \times (0.15\ \mathrm{kg}) \times (40\ \mathrm{m/s})^2 = 120\ \mathrm{J}$ である．

仕事と運動エネルギーの関係　「力」＝「質量」×「加速度」なので，力が物体に作用すれば，加速度が生じ，速度は変化する．速さが v_1 で質量が m の物体に力（合力）が仕事 $W_{1\to2}$ をした後での物体の速さを v_2 とすると，

$$\frac{1}{2}mv_2{}^2-\frac{1}{2}mv_1{}^2 = W_{1\to2} \tag{6.11}$$

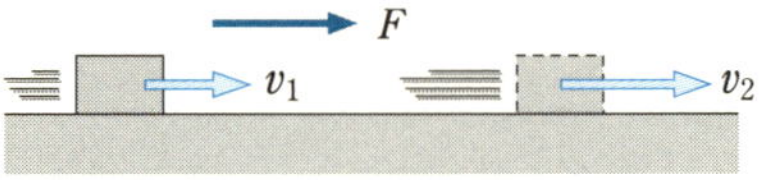

図 6.7　$\frac{1}{2}mv_2{}^2-\frac{1}{2}mv_1{}^2 = W_{1\to2}$

という**仕事と運動エネルギーの関係**が成り立つ（図 6.7）．力の向きと運動の向きが同じ場合には，速くなり，力が行う正の仕事の量だけ運動エネルギーが増加する．力の向きと運動の向きが逆の場合には，遅くなり，力が行う負の仕事の量だけ運動エネルギーが減少する．この関係は，途中の道筋が曲線でも，途中で力の大きさや向きが変化しても成り立つ．一定の力 F による直線運動の場合の (6.11) 式の証明を章末で行う．

例題 3　粗い水平な面上を速さ $v_1 = 10\,\mathrm{m/s}$ で運動していた物体が停止するまでの移動距離 s を求めよ．動摩擦係数 $\mu' = 1.0$ とせよ．

解　物体の質量を m とすると，物体の運動を妨げる向きに作用する動摩擦力の大きさは $\mu' mg$ である．物体は動摩擦力のする負の仕事 $W = -\mu' mgs$ によって停止するので，(6.11) 式で $v_2 = 0$，$W_{1\to2} = -\mu' mgs$ とおくと，

$$s = \frac{v_1{}^2}{2\mu' g} = \frac{(10\,\mathrm{m/s})^2}{2\times1.0\times(9.8\,\mathrm{m/s^2})} = 5.1\,\mathrm{m}$$

保存力，束縛力，非保存力　力は，(1) 仕事が (6.9) 式のような始点と終点の位置エネルギーの差で表される**保存力**，(2) 垂直抗力や振り子の糸の張力のように物体の運動方向に垂直に作用するので仕事をしない**束縛力**，(3) 始点と終点が同じでも途中の道筋が長くなれば仕事の量が多くなる**非保存力**（摩擦力や手の筋力など）の 3 種類に分類できる．もちろん，重力は保存力である．

力学的エネルギー保存則　時刻 t_1 に高さが h_1，速さが v_1 の物体が，重力と束縛力だけの作用を受けて，時刻 t_2 に高さが h_2，速さが v_2 になったとする．この間に物体は重力によって仕事 $W_{1\to2} = mg(h_1-h_2)$ をされる［(6.7) 式参照］．束縛力は仕事をしないので，仕事と運動エネルギーの関係を使うと，

$$\frac{1}{2}mv_2{}^2-\frac{1}{2}mv_1{}^2 = W_{1\to2} = mg(h_1-h_2) \tag{6.12}$$

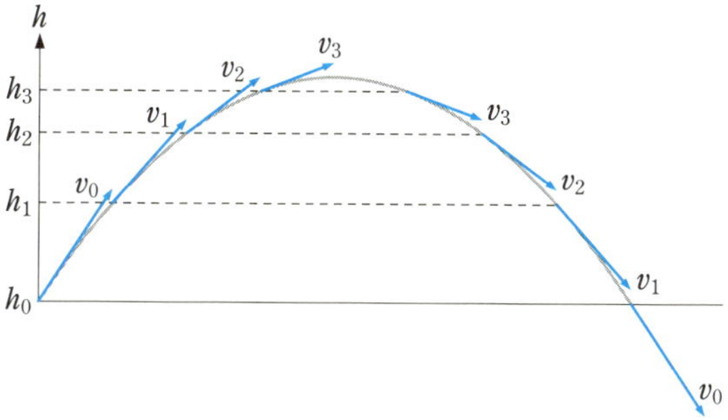

図 6.8　$\frac{1}{2}mv_2{}^2+mgh_2=\frac{1}{2}mv_1{}^2+mgh_1$

同じ高さの所を上昇するときと下降するときの速さは同じ.

という関係が得られ，移項すると次の関係が導かれる（図 6.8).

$$\frac{1}{2}mv_2{}^2+mgh_2=\frac{1}{2}mv_1{}^2+mgh_1 \qquad \left(\frac{1}{2}mv^2+mgh=一定\right) \tag{6.13}$$

この式は，空気の抵抗が無視できる場合，重力と束縛力の作用だけを受けて運動している物体の重力による位置エネルギー mgh と運動エネルギーの和は一定であることを示す．運動エネルギーと重力による位置エネルギーの和を力学的エネルギーというので，(6.13) 式を**力学的エネルギー保存則**という．

(6.13) 式は，空気の抵抗が無視できる場合，投げ上げられた物体が同じ高さ h の所を上昇するときと下降するときの速さ v は同じであること，最初の高さに戻ってきたときの速さは初速に等しいことを意味する（図 6.8).

例 3　図 6.9 の振り子のおもりを点 A から静かに手を放すと，おもりは加速しながら落下していき，最低点 O で速さが最大になる．おもりはさらに左に進み，減速しながら上昇する．最初の高さの点 B に到達すると，力学的エネルギー保存則 (6.13) によって，運動エネルギーが 0 になり静止し，右に戻る，運動エネルギーは負にならないので，おもりは点 A より高くへは行かない．

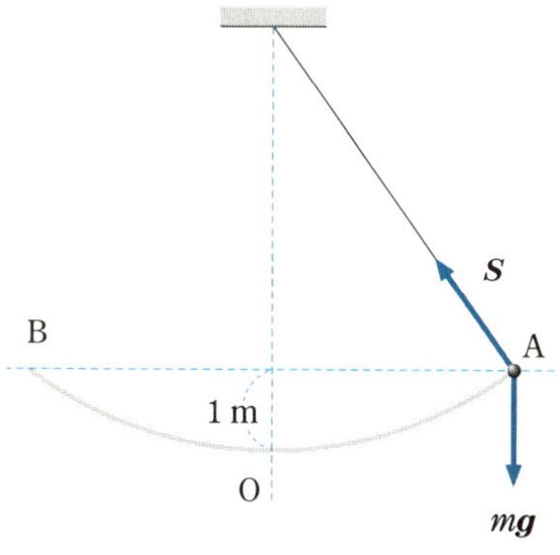

図 6.9

例4 自転車で高さ $h=5\,\mathrm{m}$ の丘の上から，初速0でこがずに降りてくると（図6.10），丘の上での重力による位置エネルギー mgh が丘の下では運動エネルギー $\frac{1}{2}mv^2$ になるので $\left(mgh=\frac{1}{2}mv^2\right)$，丘の下での速さ v は

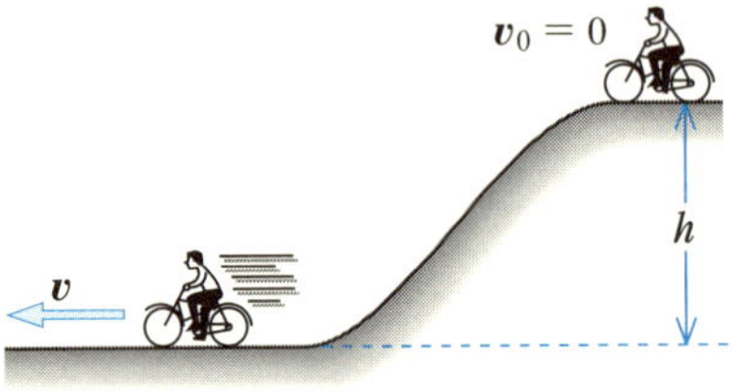

図6.10

$$v=\sqrt{2gh}=\sqrt{2\times(9.8\,\mathrm{m/s^2})\times(5\,\mathrm{m})}$$
$$=10\,\mathrm{m/s}.$$

問1 図6.9のおもりを点Aの位置から静かに放した場合，点Aより1m低い最低点Oを通過するときのおよその速さはどれか．

① 2.2 m/s ② 4.4 m/s ③ 5.0 m/s ④ 9.9 m/s ⑤ 19.6 m/s

問2 自転車に乗って，速さ4 m/sで高さ1 mの斜面の手前までやってきて，ペダルをこぐのをやめた．斜面の上まで到達できるか．

例5 なめらかな斜面の下から質量 m のドライアイスの小片を初速 v_0 で滑り上げさせたら．高さ h の点まで上昇した．初速 $2v_1$ で滑り上げさせたらどのような高さの点まで到達するだろうか．斜面の下での運動エネルギーは4倍になる．力学的エネルギー保存則から，速さが0になる最高点での重力による位置エネルギーは mgh の4倍の $4\,mgh$ になるので，最高点の高さは $4\,h$.

例6 氷結したなめらかな走路をそりで滑る．そりと人間の質量の和 m は100 kgである．図6.11の横軸 x は出発点からの距離で，縦軸 h は高さである．

$$mgh=(100\,\mathrm{kg})\times(9.8\,\mathrm{m/s^2})h=(980\,\mathrm{N})h$$

は重力による位置エネルギーなので，この図を距離と位置エネルギー U の図と見ることができる．その場合の縦軸は右側の縦軸である．

初速10 m/sで出発点から滑りはじめた．出発点での運動エネルギー K は

$$K=\frac{1}{2}(100\,\mathrm{kg})\times(10\,\mathrm{m/s})^2=5\,000\,\mathrm{J}=5\,\mathrm{kJ}$$

であり，高さ h が100 mの出発点での位置エネルギーは

$$(980\,\mathrm{N})h=(980\,\mathrm{N})\times(100\,\mathrm{m})=98\,000\,\mathrm{J}=98\,\mathrm{kJ}$$

なので，そりの力学的エネルギー E は次のようになる．

$$E=5\,000\,\mathrm{J}+98\,000\,\mathrm{J}=103\,000\,\mathrm{J}=103\,\mathrm{kJ}$$

摩擦は無視できると考えるので，図6.11の上の水平な線は一定な力学的エネルギーの値 $E=103\,\text{kJ}$ を表す．図6.11の $K=E-U(x=a)$ は，点 $x=a$ での運動エネルギーの大きさを表す．運動エネルギー $K=E-U(x)$ は負にはならないので，そりは $U(x)\leqq E$ の領域だけを運動する．そりは $U(x=b)=E$ の点 $x=b$ まで到達すると，そこで速さが0になり，$b<x$ の領域へは進めない．なお，$U(x)$ を表すグラフが水平なところでは，そりは等速運動を行う．

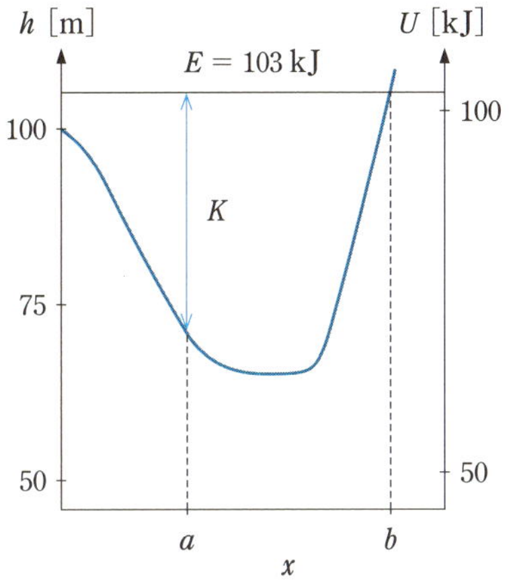

図 6.11

力学的エネルギーが保存しない場合　重力と束縛力の他に，摩擦力，空気抵抗，手の筋力などの非保存力が作用する場合には，仕事と運動エネルギーの関係(6.11)に現れる仕事 $W_{1\to2}$ は重力による仕事 $W_{1\to2}^{\text{重力}}=mg(h_1-h_2)$ と非保存力のする仕事 $W_{1\to2}^{\text{非保存力}}$ の和なので，力学的エネルギー保存則(6.13)式の代わりに，

$$\frac{1}{2}mv_2{}^2+mgh_2=\frac{1}{2}mv_1{}^2+mgh_1+W_{1\to2}^{\text{非保存力}} \tag{6.14}$$

が得られる．手で物体を持ち上げると $W_{1\to2}^{\text{非保存力}}$ は正なので力学的エネルギーは増加する．空気抵抗や動摩擦力が作用すると $W_{1\to2}^{\text{非保存力}}$ は負なので力学的エネルギーは減少する．どちらの場合にも力学的エネルギーは変化する（保存しない）．

例7　空気抵抗が無視できない場合，$W_{1\to2}^{\text{非保存力}}<0$ なので，投げ上げられた物体が同じ高さ h の所を上昇する速さ $v_{\text{上昇}}$ は下降する速さ $v_{\text{下降}}$ より速い．

$$\frac{1}{2}mv_{\text{下降}}{}^2+mgh=\frac{1}{2}mv_{\text{上昇}}{}^2+mgh+W_{1\to2}^{\text{非保存力}}<\frac{1}{2}mv_{\text{上昇}}{}^2+mgh$$

$$\therefore\quad v_{\text{下降}}<v_{\text{上昇}}$$

6.3 エネルギー保存則

物体に摩擦力や空気抵抗などの非保存力が作用する場合には力学的エネルギーは保存しない．摩擦力や空気抵抗は物体の運動を妨げる向きに作用するので，負の仕事を行い，物体の力学的エネルギーを減少させる．このときに失われた力学的エネルギーは熱になる，正確には，**内部エネルギー**とよばれる，物体を構成する分子の乱雑な熱運動のエネルギーになる．

摩擦や抵抗のある場合には力学的エネルギーは保存しないが，1 g の水の温度を 1℃上げるのに必要な熱量である熱量の実用単位の 1 cal（カロリー）を

$$1\,\mathrm{cal} = 4.2\,\mathrm{J} \tag{6.15}$$

だとすると，内部エネルギーと力学的エネルギーの和が保存することが，図 6.12 に示す装置による実験で，1843 年にジュールによって確められた．この実験では，おもりの重力による位置エネルギーは，容器の中で羽根車が水にする仕事が仲立ちして，水の運動エネルギーになり，最終的に水温の上昇，つまり，水の内部エネルギーになる．つまり，熱まで考えるとエネルギー保存則は成り立っている．熱は仕事をする能力をもっており，熱機関に利用されている．

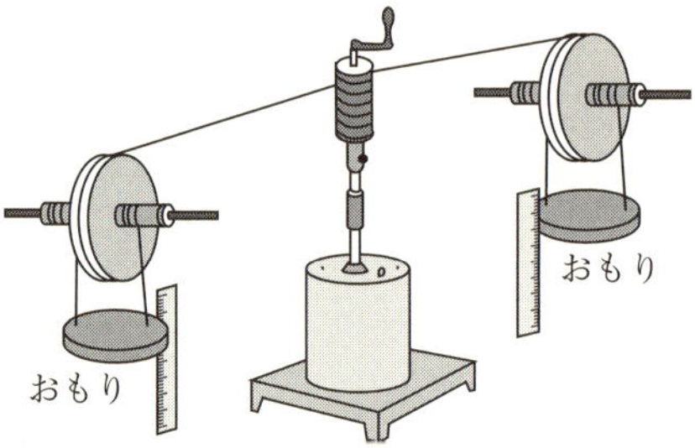

図 6.12　ジュールの実験

したがって，内部エネルギー U を考えると，時刻 t_1 と時刻 t_2 でのエネルギーの関係を表す (6.14) 式は次のようになる．

$$\frac{1}{2}mv_2{}^2 + mgh_2 + U_2 = \frac{1}{2}mv_1{}^2 + mgh_1 + U_1 + Q_{1\to 2} + W_{1\to 2}^{\text{非保存力}} \tag{6.16}$$

ここで $Q_{1\to 2}$ は，時刻 t_1 と時刻 t_2 の間に物体が外部から受け入れた熱量である．外部と熱および仕事のやり取りをしない物体（閉じた系）の場合，(6.16) 式は

$$\frac{1}{2}mv^2 + mgh + U = \text{一定} \tag{6.17}$$

と表される．これをエネルギー保存則という．

熱とともにわれわれの日常生活に関係深いのが，電気エネルギーと化学エネルギーである．電気エネルギーはモーターによって力学的エネルギーに変換され，電熱器によって熱（内部エネルギー）に変換される．また，力学的エネルギーは発電機によって電気エネルギーに変換される．エネルギー源としての石油や石炭は，燃焼によって熱を発生するが，燃焼は化学変化なので，石油や石炭のもつエネルギーは**化学エネルギー**とよばれる．人間のする仕事は筋肉に蓄えられた化学エネルギーによる．

相対性理論によれば，質量はエネルギーの一形態であり，質量 m が他の形態のエネルギーに変わるとき，その量は $E = mc^2$ である（c は真空中の光の速さ）．原子力発電では，ある種の原子核反応で質量が減少し，その分のエネルギーが反応生成物の運動エネルギーになることを利用している．

このように，いろいろな形態のエネルギーを考えると，エネルギーの形態は変化し，存在場所は移動するが，閉じた系のエネルギーの総量は一定であることが実験によって確められている．この事実を**エネルギー保存則**という．エネルギー保存の考えは，19 世紀の中ごろに，マイヤー，ジュール，ヘルムホルツなどによって提案された．その後，エネルギー保存則は実験的に確かめられ，現在では物理学のもっとも基本的な法則の 1 つとして認められている．

参考　等加速度直線運動の場合の (6.11) 式の証明　一定の力 F による等加速度直線運動の場合には，速度変化の式 $v = at + v_0$ [(2.8) 式]から導かれる式 $t = \dfrac{v-v_0}{a}$ を変位に対する式 $x - x_0 = \dfrac{1}{2}at^2 + v_0 t$ [(2.9) 式]に代入して得られる式

$$v^2 - {v_0}^2 = 2a(x - x_0) \qquad (6.18)$$

の一定の加速度 a を $a = \dfrac{F}{m}$ とおいて，両辺を $\dfrac{m}{2}$ 倍すると次の式が得られる．

$$\frac{1}{2}mv^2 - \frac{1}{2}m{v_0}^2 = F(x - x_0) \qquad (6.19)$$

この式の v, v_0, x, x_0 を v_2, v_1, x_2, x_1 で置き換えると，右辺の $F(x_2 - x_1)$ は一定の力 F のする仕事 $W_{1\to2}$ に等しいので，(6.11) 式が導かれた．

演習問題 6

1. (1) 重量挙げの選手が質量 80 kg のバーベルを高さ 2.0 m までゆっくり持ち上げるときに，選手がバーベルにする仕事は何 J か (図 1a).
(2) このバーベルを持ち上げたまま 2.0 m 歩くときに，バーベルにする仕事は何 J か (図 1b).
(3) 持ち上げていたバーベルを床に下ろすときに，選手がバーベルにする仕事は何 J か.

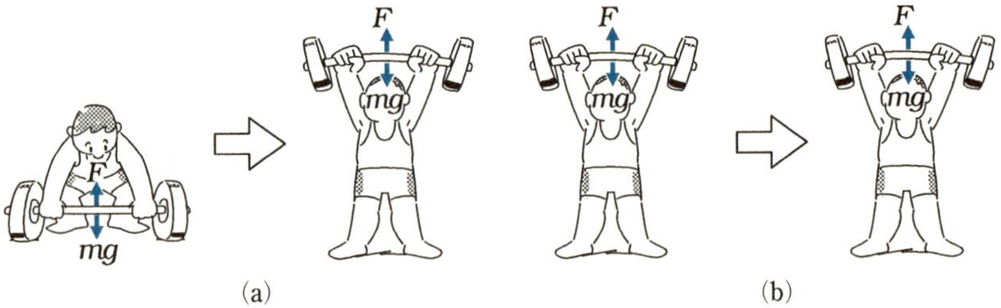

図 1

2. ひもの一端に木片をつけ，他端を手で持って，木片を水平面内で円運動をさせる，木片が 1 周する間にひもの張力のする仕事を求めよ.

3. 質量 2 kg の物体を手にもって一定の速度 3 m/s で持ち上げている. 1 m 持ち上げる間に，(1) 手のする仕事は何 J か. (2) 重力のする仕事は何 J か. (3) 合力のする仕事は何 J か. (4) 手の仕事率は何 W か.

4. 質量 2 kg の物体を持って，2 階から 3 階まで階段を上り，長さ 30 m の廊下を歩いて反対側の階段まで行き，階段を 1 階まで下りた. 手が物体にした仕事は何 J か. 1 階から 2 階までの高さは 3 m，1 階から 3 階までの高さは 6 m である.

5. 鉛直上方に投げ上げたボールがもとの場所に落下してきたとき，次の仕事はそれぞれ正か，0 か，負かを答えよ. (1) 重力のした仕事，(2) 空気の抵抗力のした仕事，(3) ボールに働いた合力のした仕事.

6. 3 台のエレベーター A, B, C がある. B は A の 2 倍の質量を 2 倍の高さまで同じ時間で持ち上げ，C は A と同じ大きさの質量を 2 倍の高さまで 2 倍の時間で持ち上げる. 仕事率を比較せよ.

7. 仕事率の実用単位に馬力がある. もともとは蒸気機関の改良を行ったワットが，自分の製造した蒸気機関の性能を示すのに，標準的な荷役馬 1 頭の仕事率を基準にしたものである. 日本では，1 馬力は 75 kg の物体を 1 秒間に 1 m 持ち上げる場合の仕事率とされている. 1 馬力は何 W か. 標準重力加速度 $g = 9.80665\ \mathrm{m/s^2}$ を使え. なお，現在の馬のパワーは 1 馬力以上である.

8. 一定な力 $\boldsymbol{F}$ の作用を受けている物体が，力の方向へ一定の速度 $\boldsymbol{v}$ で動いている場合，仕事率 P は Fv に等しいことを示せ．ヒント：$P = \dfrac{W}{t} = \dfrac{Fs}{t} = F\dfrac{s}{t} = Fv$

9. 体重が 50 kg の人間が階段を 1 秒あたり高さ 2 m の割合でかけ上がっている．この人間が自分に対して行う仕事の仕事率を求めよ．

10. 質量 1 t の鋼材を 1 分間あたり 10 m 引き上げたい場合，クレーンのモーターは，摩擦などによる損失がないとすれば，パワーは何 W 以上あればよいか．

11. 投手が投げたボールをバッターが同じ速さで打ち返すときに，運動エネルギーは変化しない．このときバッターがボールにした仕事はいくらか．

12. ピサの斜塔の天辺から 2 kg と 4 kg の鉄球を落とした．地面に落下直前の 2 つの鉄球の運動エネルギーを比較せよ．

13. 速さ v で走っていた質量 m の自動車のブレーキをかけたら停止した．このとき摩擦力がした仕事はいくらか．

14. 建物の屋上から 2 個の同じボールを同じ速さで別の方向に投げた．ボールが地面に到達したときの速さは違うか．空気の抵抗は無視せよ．

15. 図 2 のような摩擦のない斜面上の点 A から球を静かに放した．点 B から飛び出した物体の軌道は a, b のどちらになるか．理由を述べよ．

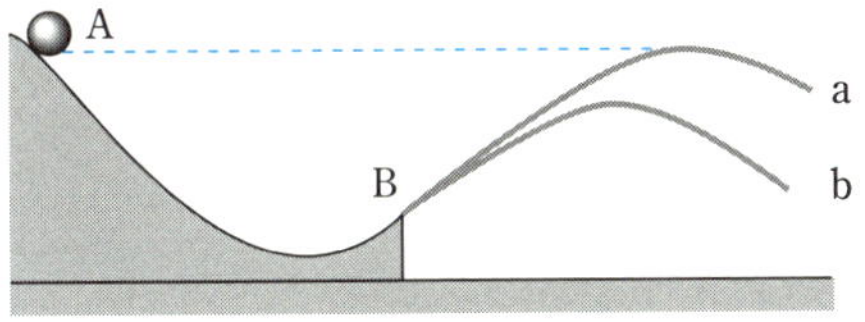

図 2

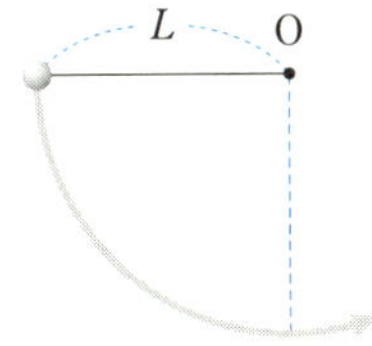

図 3

16. ひもの長さが L，おもりの質量が m の振り子のひもを水平にして，初速度 0 で放した．ひもが鉛直になったときのひもの張力 S を求めよ（図 3）.

17. 図 4 のように天井から長さ 1 m の糸でおもりを吊るして，鉛直と角 30° の状態にして静かに放す．高さが 50 cm の吊り戸棚に糸が接触してからおもりが最高点 B に到達したときに，糸が鉛直となす角 θ を求めよ．

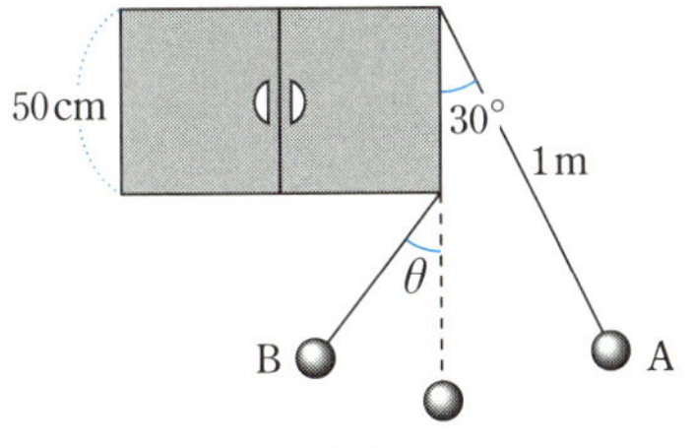

図 4

18. 図 5 に示すような，回転軸 O のまわりで自由に回転できる長さ L の軽い棒の端

に質量 m の物体がつけてある．棒が水平な状態のとき，物体を初速が v_0 になるように下方に押した．物体が 270° 回転して，物体が真上に到達できるための v_0 の条件を求めよ．

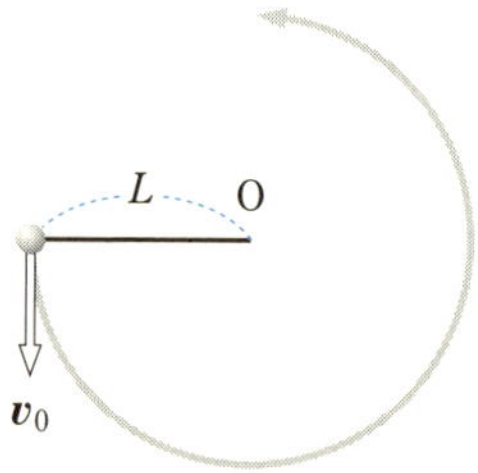

図 5

19. 高さ h の机の上から速さ v_0 で水平投射されたボールが床に到達する直前の速さを求めよ．

20. あるジェットコースターの広告に，最大落差が 70 m，最大速度 130 km/h と書いてある．この広告は信頼できるだろうか．

21. 高さが h の 2 階の窓から同じ速さ v_0 で斜め上と斜め下にボールを投げた．ボールが校庭に到達する直前の速さが大きいのはどちらの場合か．空気抵抗が無視できる場合と無視できない場合について答えよ．

22. 質量 m の球を初速 v_0 で水平との角が θ の方向に投げ上げた．球が運動中に高さ h の点を通過したときの運動エネルギーを求めよ．空気抵抗は無視せよ．

23. 群馬県にある須田貝発電所では，毎秒 65 m^3 の水量が有効落差 77 m を落ちて，発電機の水車を回転させ，46000 kW の電力を発電する．この発電所では，水の位置エネルギーの何 % が電気エネルギーになるか．

24. 体重が 50 kg の人間が 3000 m の高さの山に登る．

(1)　この人間のする仕事はいくらか．

(2)　1 kg の脂肪はおよそ 3.8×10^7 J のエネルギーを供給するが，この人間が 20 % の効率で脂肪のエネルギーを仕事に変えるとすると，この登山でどれだけ脂肪を減らせるか．

25. 鉛直面内にループ型の摩擦のない走路がある（図 6）．ループの最高点は出発点の高さと同じである．出発点から初速 0 で転がりだしたボールはループの最高点まで到達できるか．

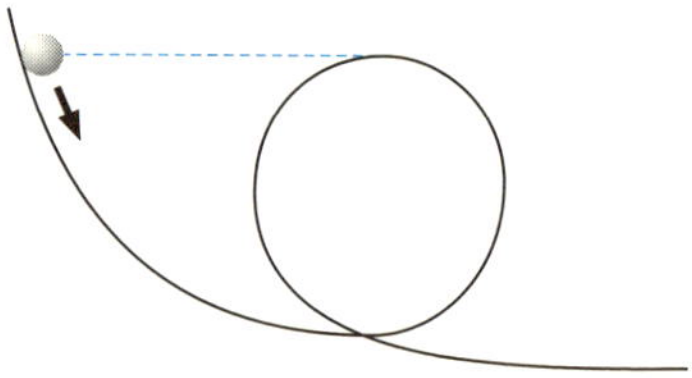

図 6

7 運動量と力積

前章では，運動している物体の勢いを表す量としての運動エネルギーを学んだ．そして，運動エネルギーは仕事と結びついていて，物体に力が作用した場合，物体の運動エネルギーの変化は力が物体にした仕事に等しいことを学んだ．

ピッチャーが投げたボールをキャッチャーが受けるときに，ボールがキャッチャーにする仕事は，ボールの運動エネルギーに等しい．しかし，バッターがボールを同じ速さで打ち返すときには，運動エネルギーが変化しないので，このときボールがバットにする仕事もバッターがボールにする仕事も0である．「仕事」＝「力」×「距離」で，バットがボールに接触している間のバットの移動距離が0だからである．運動エネルギーも仕事もスカラー量である．

この章では，運動している物体の勢いを表すベクトル量の運動量を学ぶ．運動量は「質量」×「速度」で，物体の運動方向を向いたベクトル量である．運動量と結びついているのがベクトル量の「力積」＝「力」×「時間」である．仕事は力の距離的効果を表すが，力積は力の時間的効果を表す．運動エネルギーの変化と仕事の関係に対応するのが，運動量の変化と力積の関係である．ピッチャーが投げたボールをキャッチャーが受けるときにも，バッターがボールを同じ速さで打ち返すときにも，力積は**0**ではない．ボールとの接触時間が0ではないからである．

本章では，まず，運動量，力積，運動量の変化と力積の関係について学ぶ．

続いて，外力が作用しない場合の2物体系の運動量保存則を学び，運動量保存則が衝突現象で役立つことを学ぶ．

最後に2物体系の重心を学ぶ．

7.1 運動量と力積

運動量　運動している物体の勢いは，質量が大きいほど大きく，速いほど大きい．そこで運動の勢いを表す量として，質量 m と速度 $\boldsymbol{v}$ の積を選び，**運動量**とよび，$\boldsymbol{p}$ という記号で表す．運動量は運動方向を向いたベクトル量である．

$$\boldsymbol{p} = m\boldsymbol{v} \qquad \text{運動量} = \text{質量} \times \text{速度} \tag{7.1}$$

力積　物体に一定の力 $\boldsymbol{F}$ が時間 Δt のあいだ作用したとき，力 $\boldsymbol{F}$ と作用した時間 Δt の積 $\boldsymbol{F}\,\Delta t$ を**力積**という，本書では $\boldsymbol{J}$ という記号で表す．

$$\boldsymbol{J} = \boldsymbol{F}\,\Delta t \qquad \text{力積} = \text{力} \times \text{時間} \tag{7.2}$$

力積は力の方向を向いたベクトル量である．縦軸に力，横軸に時刻を選んだ F-t グラフを描くと，力積 $F\,\Delta t$ は図 7.1(a) の　の部分の面積に等しい．

力の強さが変化する場合の力積は，平均の力 $\overline{\boldsymbol{F}}$ と時間 Δt の積

$$\boldsymbol{J} = \overline{\boldsymbol{F}}\,\Delta t \qquad \text{平均の力} \times \text{時間} \tag{7.3}$$

で，図 7.1(b) の F-t グラフの　の部分の面積に等しい．

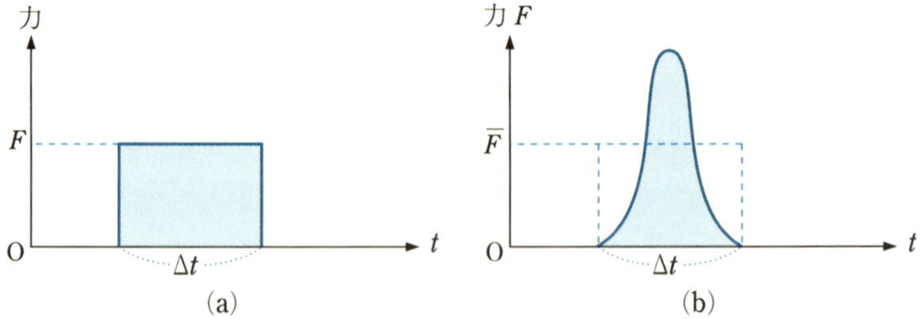

図 7.1　力積

運動量の変化と力積　速度 $\boldsymbol{v}$ で運動している質量 m の物体に一定の力 $\boldsymbol{F}$ が時間 Δt のあいだ作用して，物体の速度が $\boldsymbol{v}'$ になると，

物体の加速度は $\boldsymbol{a} = \dfrac{\boldsymbol{v}'-\boldsymbol{v}}{\Delta t}$ なので，運動方程式 $m\boldsymbol{a} = \boldsymbol{F}$ は $m\dfrac{\boldsymbol{v}'-\boldsymbol{v}}{\Delta t} = \boldsymbol{F}$

となる．この式から，力 $\boldsymbol{F}$ の作用による運動量の変化は受けた力積に等しい

$$m\boldsymbol{v}'-m\boldsymbol{v} = \boldsymbol{F}\,\Delta t \qquad \text{運動量の変化} = \text{力積} \tag{7.4}$$

という**運動量の変化と力積の関係**が得られる．

運動している物体を静止させるために必要な力積の大きさは，物体の運動量の大きさ mv に等しいので，力の作用時間 Δt が長くなれば，物体に加わる力 F は弱くなる．シートベルトやヘルメットは，身体に加わる力の作用時間を長くすることによって，加わる力の大きさを弱める装置である．

問 1　高い台の上から飛び降りるとき，ひざを曲げながら着地すると，身体への衝撃が減少する理由を説明せよ．

例題 1　質量 1000 kg の自動車が速さ 20 m/s で壁に正面衝突し，大破して静止した（図 7.2）．壁が自動車に 0.10 秒間作用した力の平均 $\overline{F}$ を求めよ．

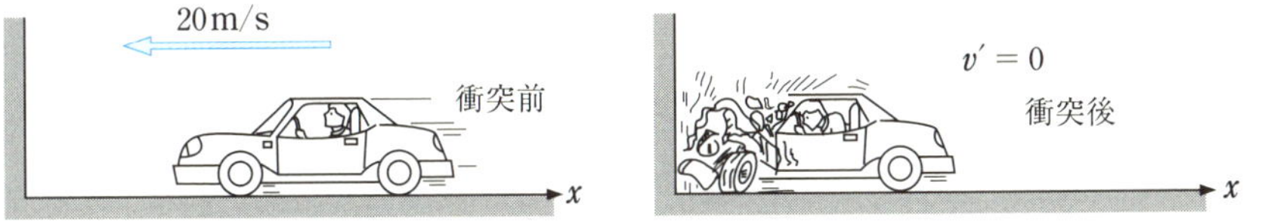

図 7.2

解　自動車の運動量変化 $mv'-mv$ は

衝突直前　$mv = (1000\ \mathrm{kg})\times(-20\ \mathrm{m/s}) = -2.0\times10^4\ \mathrm{kg\cdot m/s}$

衝突直後　$mv'=0$

$$mv'-mv = \{0-(-2.0\times10^4)\}\ \mathrm{kg\cdot m/s} = 2.0\times10^4\ \mathrm{kg\cdot m/s}$$

$$\therefore\quad \overline{F} = \frac{mv'-mv}{\Delta t} = \frac{2.0\times10^4\ \mathrm{kg\cdot m/s}}{0.10\ \mathrm{s}} = 2.0\times10^5\ \mathrm{N}$$

参考　一般の運動での運動量の変化と力積の関係

質量 m は一定なので，$m\dfrac{\mathrm{d}\boldsymbol{v}}{\mathrm{d}t} = \dfrac{\mathrm{d}(m\boldsymbol{v})}{\mathrm{d}t}$ であり，運動方程式 $m\dfrac{\mathrm{d}\boldsymbol{v}}{\mathrm{d}t} = \boldsymbol{F}$ は

$$\frac{\mathrm{d}(m\boldsymbol{v})}{\mathrm{d}t} = \boldsymbol{F} \qquad \left(\frac{\mathrm{d}(mv_x)}{\mathrm{d}t} = F_x,\ \frac{\mathrm{d}(mv_y)}{\mathrm{d}t} = F_y\right) \tag{7.5}$$

と表される．この式に微分積分学の基本定理を適用して得られる，

$$m\boldsymbol{v}(t_2)-m\boldsymbol{v}(t_1) = \int_{t_1}^{t_2} \boldsymbol{F}(t)\ \mathrm{d}t \tag{7.6}$$

が一般の運動での運動量の変化と力積の関係である．

7.2 運動量保存則と衝突

運動量保存則　質量 m_1 の物体 1 と質量 m_2 の物体 2 が，力 $\boldsymbol{F}_{1\leftarrow 2}$，$\boldsymbol{F}_{2\leftarrow 1}$ を時間 Δt のあいだ作用し合い，他の物体からの力（外力）を受けない場合，力の作用を受けた時間 Δt の前後での 2 物体の速度を $\boldsymbol{v}_1, \boldsymbol{v}_2, \boldsymbol{v}_1', \boldsymbol{v}_2'$ とすると（図 7.3），運動量の変化と力積の関係 (7.4) は

$$m\boldsymbol{v}_1' - m\boldsymbol{v}_1 = \boldsymbol{F}_{1\leftarrow 2}\,\Delta t, \qquad m\boldsymbol{v}_2' - m\boldsymbol{v}_2 = \boldsymbol{F}_{2\leftarrow 1}\,\Delta t \tag{7.7}$$

となる．力の強さが変化する場合には，力 $\boldsymbol{F}$ を平均の力 $\overline{\boldsymbol{F}}$ とすればよい．

2 式の両辺を加え合わせ，作用反作用の法則 $\boldsymbol{F}_{1\leftarrow 2} + \boldsymbol{F}_{2\leftarrow 1} = \boldsymbol{0}$ を使うと，

$$(m\boldsymbol{v}_1' + m\boldsymbol{v}_2') - (m\boldsymbol{v}_1 + m\boldsymbol{v}_2) = \boldsymbol{0}$$

$$\therefore \quad m_1\boldsymbol{v}_1' + m_2\boldsymbol{v}_2' = m_1\boldsymbol{v}_1 + m_2\boldsymbol{v}_2 \tag{7.8}$$

が導かれる．つまり，たがいに力を及ぼし合うが，他からは力を受けずに運動している 2 つの物体の運動量の和は一定である．これを**運動量保存則**という．

3 個以上の物体（物体系）の場合も，働く力がすべてこれらの物体の間で作用する力（内力）だけならば，物体系の運動量の和は一定に保たれる．

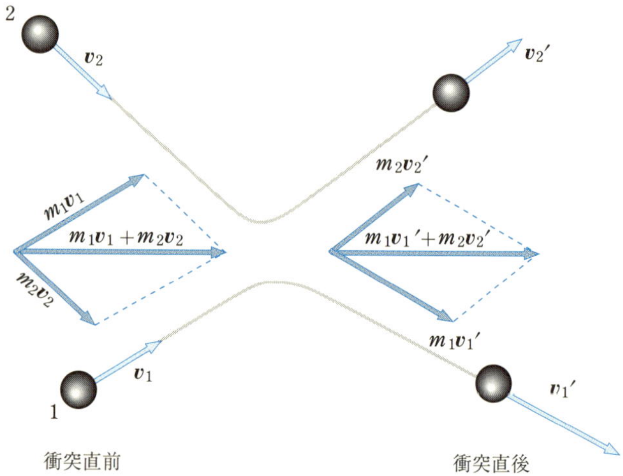

図 7.3　運動量の保存

運動量保存則が有効なのは，2 物体が衝突する場合である．衝突する 2 物体の間に働く力は未知の力なので，衝突物体の運動方程式を解いて衝突物体の運動を求めることはできない．地球上ではすべての物体に外力である重力が作用するが，衝突現象のように，きわめて短い時間に大きな内力が働く場合には，衝突の間は内力に比べて重力を無視できる．そこで，運動量保存則によって衝突する 2 物体の衝突直前の運動量の和と衝突直後の運動量の和は等しい．

弾性衝突　金属球どうしの衝突のように，熱の発生による力学的エネルギーの損失が無視でき，衝突の直前と直後で運動エネルギーの和が変化しない衝突を**弾性衝突**という．弾性衝突では運動量と運動エネルギーの両方が保存する．

例題 2　同じ大きさで同じ質量 m の 2 つの金属球 A, B を，同じ長さの細い針金で吊ってある．球 A を高さ h だけ持ち上げて静かに手を放すと，球 A は静止している球 B に衝突する．すると，今度は球 A はほとんど静止し，球 B が動きだしてほぼ同じ高さ h まで上昇する（図 7.4）．この現象を運動量の保存と運動エネルギーの保存で説明せよ．

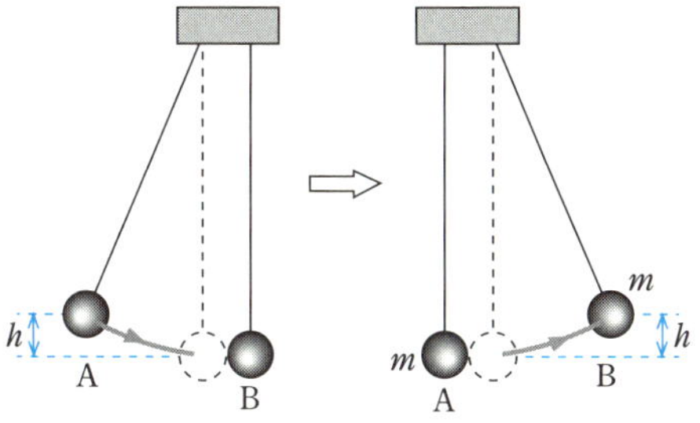

図 7.4

解　衝突直前の球 A の速度を v_A，衝突直後の球 A, B の速度を $v_A{}'$, $v_B{}'$ とする．

$$\text{運動量の保存}\qquad mv_A = mv_A{}' + mv_B{}' \tag{7.9}$$

$$\text{運動エネルギーの保存}\qquad \frac{1}{2}mv_A{}^2 = \frac{1}{2}mv_A{}'^2 + \frac{1}{2}mv_B{}'^2 \tag{7.10}$$

が成り立つ．(7.9) 式から得られる $v_A{}' = v_A - v_B{}'$ を (7.10) 式に代入すると，

$$(v_A - v_B{}')^2 + v_B{}'^2 - v_A{}^2 = 2v_B{}'^2 - 2v_A v_B{}' = 0 \qquad \therefore\quad v_B{}'(v_B{}' - v_A) = 0$$

が得られる．$v_B{}' = 0$，$v_A{}' = v_A$ という衝突で速度が変化しない解は，無意味な解なので，求める解は

$$v_B{}' = v_A, \qquad v_A{}' = 0 \tag{7.11}$$

である．$v_A{}' = 0$ なので，衝突後に球 A は静止する．$v_B{}' = v_A$ と力学的エネルギー保存則から球 B が同じ高さ h まで上昇することが説明される．

問 2　10 円玉を図 7.5 のように並べて，右の 10 円玉を矢印の方向に弾いてぶつけるとどうなるか．実験して，その結果を物理的に解釈せよ．

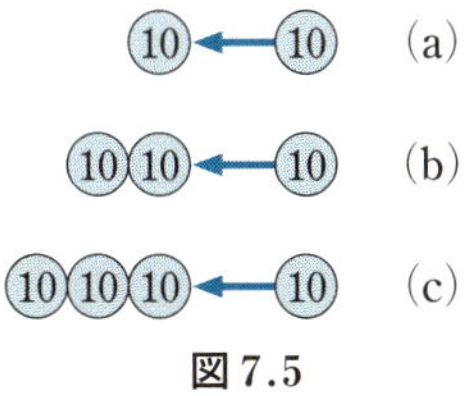

図 7.5

非弾性衝突　衝突で熱が発生したり変形したりして，運動エネルギーの和が減少する場合を非弾性衝突という．つまり，**非弾性衝突**は，運動量は保存するが，運動エネルギーは保存しない衝突である．

例題 3　完全非弾性衝突 速度 $\boldsymbol{v}_A$，質量 m_A の物体 A が速度 $\boldsymbol{v}_B$，質量 m_B の物体 B に衝突して付着した．付着した物体の衝突直後の速度 $\boldsymbol{v}'$ を求めよ．このような付着する衝突を完全非弾性衝突という(図 7.6)．

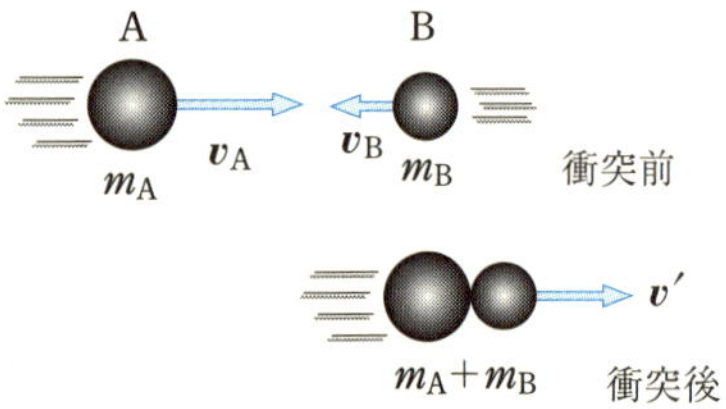

図 7.6　完全非弾性衝突

解　運動量保存則から

$$m_A\boldsymbol{v}_A+m_B\boldsymbol{v}_B=(m_A+m_B)\boldsymbol{v}'$$

$$\therefore \quad \boldsymbol{v}'=\frac{m_A\boldsymbol{v}_A+m_B\boldsymbol{v}_B}{m_A+m_B} \tag{7.12}$$

7.3　重心（質量の中心）

質量 m_1 の物体 1 と質量 m_2 の物体 2 の質量の中心 G は，質量で重みをつけた 2 つの物体の位置の平均で，物体 1, 2 への距離が $m_2 : m_1$ の点である [図 7.7(a)]．質量の中心は，作用する重力の強さ m_1g と m_2g で重みをつけた 2 つの物体の位置の平均でもあるので**重心**ともいう．剛体の重心は重力の合力の作用点である [図 7.7(b)]．

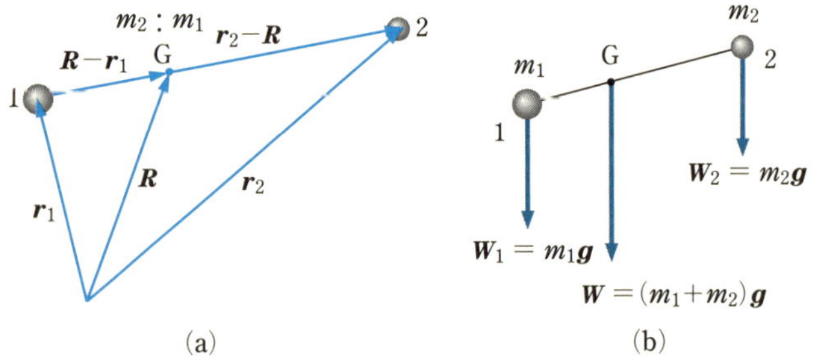

図 7.7　重心（質量の中心）

物体 1, 2 の位置ベクトルを $\boldsymbol{r}_1 = (x_1, y_1)$, $\boldsymbol{r}_2 = (x_2, y_2)$ とすると，重心 G の位置ベクトル $\boldsymbol{R} = (X, Y)$ は

$$\boldsymbol{R} = \frac{m_1\boldsymbol{r}_1 + m_2\boldsymbol{r}_2}{m_1 + m_2} \qquad \left(X = \frac{m_1x_1 + m_2x_2}{m_1 + m_2},\ Y = \frac{m_1y_1 + m_2y_2}{m_1 + m_2}\right) \tag{7.13}$$

である．

重心の位置に対する (7.13) 式から，重心の速度 $\boldsymbol{V}$ が導かれる．

$$\boldsymbol{V} = \frac{\Delta\boldsymbol{R}}{\Delta t} = \frac{1}{m_1 + m_2}\left(m_1\frac{\Delta\boldsymbol{r}_1}{\Delta t} + m_2\frac{\Delta\boldsymbol{r}_2}{\Delta t}\right) = \frac{m_1\boldsymbol{v}_1 + m_2\boldsymbol{v}_2}{m_1 + m_2} \tag{7.14}$$

2 物体に外力が作用しない場合には，運動量保存則 ($m_1\boldsymbol{v}_1 + m_2\boldsymbol{v}_2 =$ 一定) が成り立つので，外力が作用しない 2 物体の重心速度 $\boldsymbol{V}$ は一定である．つまり，外力が作用しない 2 物体の重心は等速直線運動を続ける．

重心の速度 $\boldsymbol{V}$ に対する (7.14) 式から重心の加速度 $\boldsymbol{A}$ に対する式

$$\boldsymbol{A} = \frac{\Delta\boldsymbol{V}}{\Delta t} = \frac{m_1\boldsymbol{v}_1' + m_2\boldsymbol{v}_2' - m_1\boldsymbol{v}_1 - m_2\boldsymbol{v}_2}{m_1 + m_2}\frac{1}{\Delta t} \tag{7.15}$$

が導かれる．物体 1 に外力 $\boldsymbol{F}_1$，物体 2 に外力 $\boldsymbol{F}_2$ が作用する場合には，運動量の変化と力積の関係

$$(m\boldsymbol{v}_1' + m\boldsymbol{v}_2') - (m\boldsymbol{v}_1 + m\boldsymbol{v}_2) = (\boldsymbol{F}_1 + \boldsymbol{F}_2)\,\Delta t \tag{7.16}$$

を使い，2 つの物体の質量の和 $m_1 + m_2$ を M とおき，外力の和 $\boldsymbol{F}_1 + \boldsymbol{F}_2$ を $\boldsymbol{F}$ とおくと，(7.15) 式は

$$M\boldsymbol{A} = \boldsymbol{F} \qquad \text{全質量} \times \text{重心の加速度} = \text{外力} \tag{7.17}$$

となる．つまり 2 物体を質量 $M = m_1 + m_2$ をもつ 1 つの物体系と見なすと，2 物体の重心は，2 つの物体に作用するすべての外力の和 $\boldsymbol{F} = \boldsymbol{F}_1 + \boldsymbol{F}_2$ が作用している質量 M の質点と同じ運動を行う．(7.17) 式は 3 個以上の物体から構成された物体系の重心運動に対しても成り立つニュートンの運動方程式である．

例 1　宇宙船 ▌宇宙空間に孤立しているので外力の作用を受けない宇宙船の本体と燃料の全体の重心は等速直線運動を続ける．しかし，宇宙船が燃料を後方に噴射すると，その反作用で宇宙船の本体は前方へ加速される．

燃料を横向きに噴射すると，宇宙船は向きを変えられる．

問 3　花火が空中で爆発した．空気抵抗を無視すれば，爆発後の花火の破片の運動について何がいえるか．

演習問題 7

1. ピッチャーが投げた時速 144 km(= 40 m/s)のボール(質量 0.15 kg)をバッターが水平に打ち返した．打球の速さも 40 m/s であった．ボールとバットの接触時間を 0.10 s として，バットがボールに作用した力の大きさの平均を求めよ．

2. ピッチャーが投げた時速 144 km のボール(0.15 kg)をキャッチャーがミットを 0.2 m 引きもどして捕球するとき，ミットに働く平均の力を推定せよ［(2.16)式を使え］．

3. 木の枝に質量 $M = 1$ kg の木片が軽いひもでぶら下げられている．質量 $m = 30$ g の矢が速さ $V = 30$ m/s で水平に飛んできて木片に刺さった(図 1)．

(1) その直後の木片と矢の速度 v を計算せよ．

(2) 矢の刺さった木片は枝を中心とする円運動をする．最高点の高さ h を求めよ．

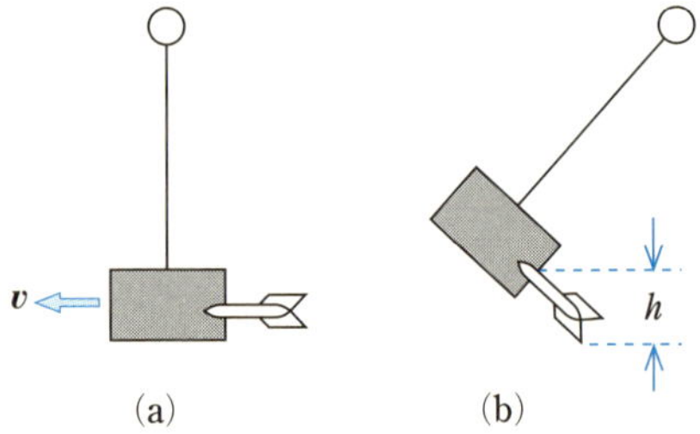

図 1

4. 摩擦のないなめらかな水平な面の上で，たがいに逆向きに運動してきた 2 つの物体が衝突して付着した．このとき 2 つの物体が衝突前にもっていた運動エネルギーが完全に熱になることはあり得るか．

5. 摩擦のないなめらかな水平な面の上で，運動してきた物体が静止していた物体に衝突して付着した．このとき物体が衝突前にもっていた運動エネルギーが完全に熱になることはあり得るか．

6. 平らな床でボールが図 2 のように弾んだ，床がボールに作用した力積の方向を矢印で示せ．

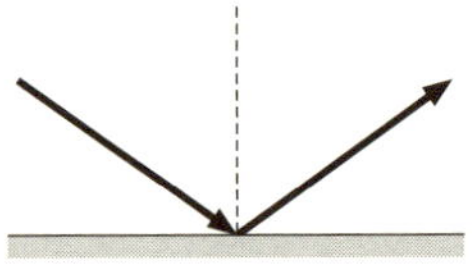

図 2

7. なめらかな床の上に静止していた質量 1 kg の物体に，質量 5 kg の物体が速さ 1 m/s で衝突した．衝突後，質量 5 kg の物体が完全に静止し．質量 1 kg の物体が速さ 5 m/s で動きはじめることはあり得るか．

8

剛体のつり合い

これまでは大きさが無視できる物体，つまり質点（質量をもつ点）だけを考えてきた．しかし，現実の物体には大きさがあり，力を加えると変形する．物体には鉄や石のような硬い物体もあれば，ゴムのような軟らかい物体もある．硬い物体とは，力を加えた場合に変形がごくわずかな物体である．力を加えたときの変形が無視できる硬い物体を考えて，これを**剛体**とよぶ．

日常生活では，身のまわりの物体が静止しつづけることが望ましい場合が多い．たとえば，はしごを登っている間にはしごが動きはじめたら危険である．本章では，いくつかの力が作用している剛体が静止し続けるための条件を求め，剛体のつり合いの具体例を学ぶ．

剛体のつり合いを考える際には，**重心**が重要な役割を演じる．質量 M の剛体の各部分に作用する重力の合力 Mg は重心に作用するからである．この性質を使うと，重心 G の位置が図 8.1 のようにして求められる．

剛体の重心 G は，剛体を小さな構成要素の集まりだと見なしたとき，位置ベクトル $\boldsymbol{R}$ が次のような点である．

$$\boldsymbol{R} = \frac{m_1\boldsymbol{r}_1 + m_2\boldsymbol{r}_2 + \cdots + m_N\boldsymbol{r}_N}{M} \qquad (M = m_1 + m_2 + \cdots + m_N) \tag{8.1}$$

重心は質量による重みをつけた平均の位置なので，質量の中心ともいう．一様な物質でできている棒，円板，球，立方体などの中点は重心である．

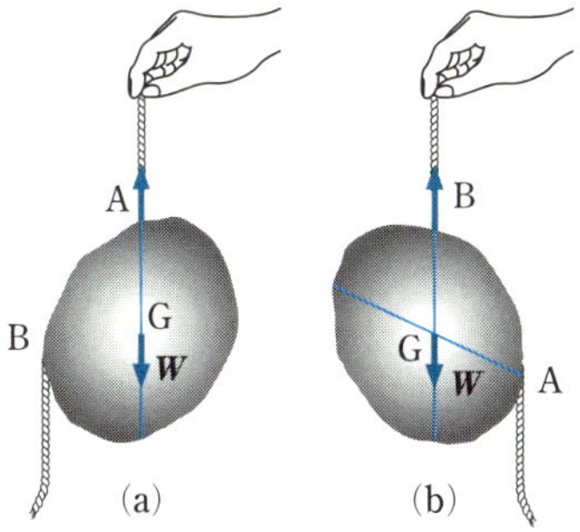

図 8.1　重心 G は糸の支点の真下にある．

8.1 力のモーメント（トルク）

力 $\boldsymbol{F}$ が物体を点（回転軸）O のまわりに回転させようとする能力は，

「力の大きさ F」×「支点 O から力の作用線までの距離 L」

で，これを点 O のまわりの力 $\boldsymbol{F}$ の**モーメント**あるいは**トルク**とよぶ（記号 N）．

$$N = FL \tag{8.2}$$

この事実は，シーソーで遊んだり，てこで重い物を持ち上げた経験からよく知られている（図 8.2）．

図 8.3 のように角 ϕ を定義すると，力 $\boldsymbol{F}$ のモーメント N は

$$N = FL = Fr\sin\phi = rF_{\rm t} \tag{8.3}$$

と表される（図 8.3）．ここで $F_{\rm t} = F\sin\phi$ は，力の作用点 P が行う円運動の接線方向への力 $\boldsymbol{F}$ の成分である．(8.3) 式は，ナットをスパナで締めるとき，スパナの長さ $\boldsymbol{r}$ が長いほうが締めやすく，力をスパナに垂直に加えれば楽であるという経験事実を裏付ける式である．

力のモーメント N には正負の符号があり，力 $\boldsymbol{F}$ が物体を回転軸 O のまわりに時計の針の回る向きと逆向きに回転させようとする場合には正（$N = FL$），時計の針の回る向きに回転させようとする場合には負（$N = -FL$）と定義する（図 8.4）．

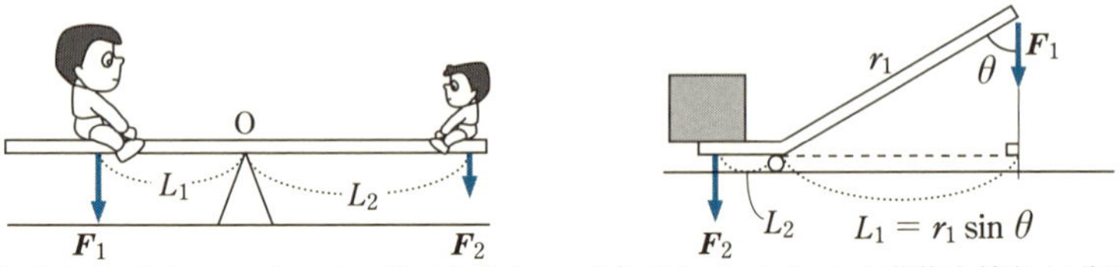

(a) $F_1L_1 = F_2L_2$ ならシーソーはつり合う．　(b) $F_1L_1 > F_2L_2$ なら荷物を持ち上げられる．

図 8.2

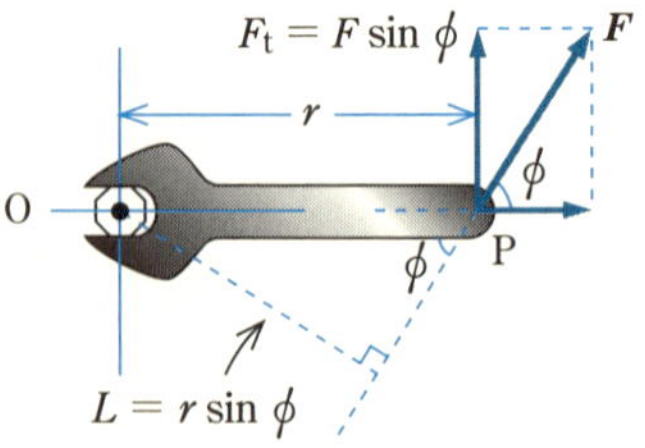

図 8.3　力のモーメント $N = FL = rF_{\rm t}$

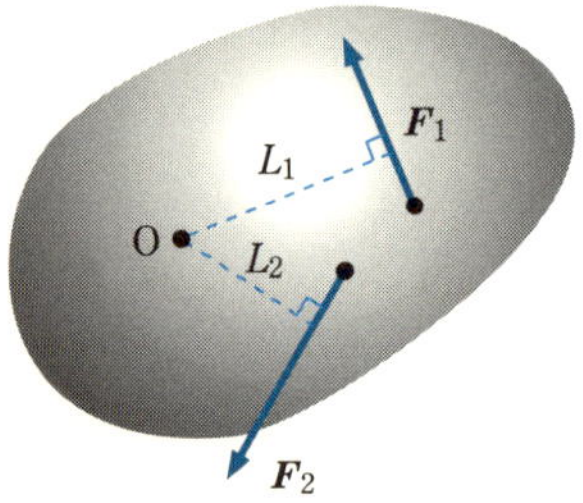

図 8.4　$N = F_1L_1 - F_2L_2$

例 1　図 8.5 の物体に働く力 $\boldsymbol{F}_1, \boldsymbol{F}_2$ の点 O のまわりのモーメント N は

$$N = -F_1L_1 + F_2L_2 = -(3\,\mathrm{N})\times(1\,\mathrm{m}) + (4\,\mathrm{N})\times(0.5\,\mathrm{m}) = -1.0\,\mathrm{N{\cdot}m}$$

なので，力 $\boldsymbol{F}_1, \boldsymbol{F}_2$ は全体として，物体を時計の針の回る向きに回転させる．

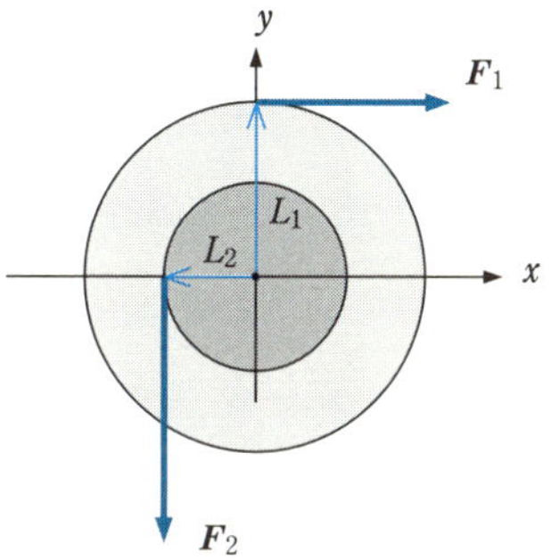

図 8.5　$F_1 = 3\,\mathrm{N}$，$L_1 = 1\,\mathrm{m}$，$F_2 = 4\,\mathrm{N}$，$L_2 = 0.5\,\mathrm{m}$

例題 1　棒が点 A でピンによって支持されている（図 8.6）．棒の点 C, D にそれぞれ下向きに 10 N，20 N の力が加わっているとき，棒を水平に保持するために点 B に上向きに加える力 F の大きさを求めよ．棒の質量は無視せよ．

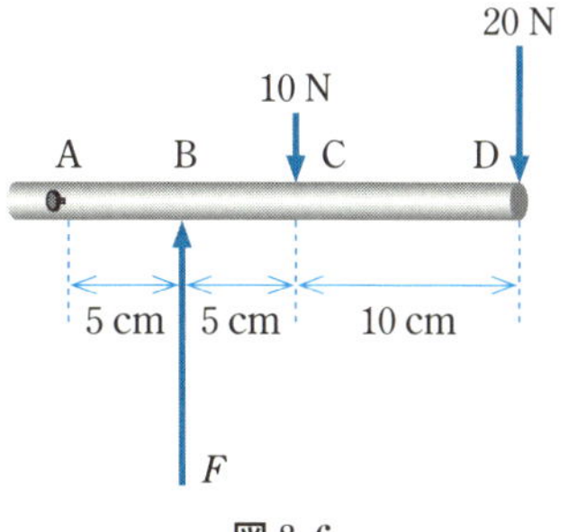

図 8.6

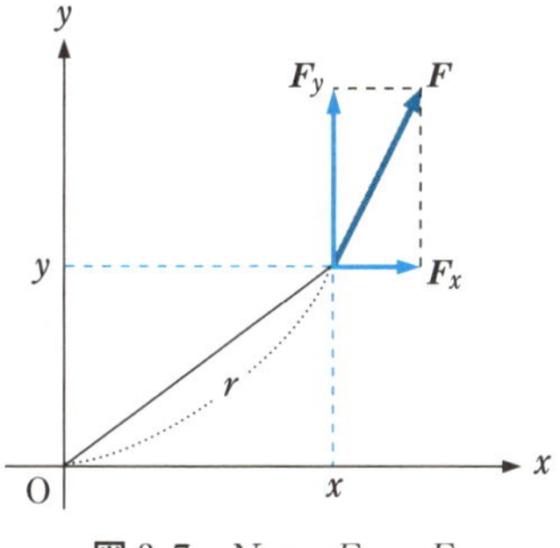

図 8.7　$N = xF_y - yF_x$

解　$(5\,\mathrm{cm})\times F - (10\,\mathrm{cm})\times(10\,\mathrm{N}) - (20\,\mathrm{cm})\times(20\,\mathrm{N})$

$= (5\,\mathrm{cm})\times F - (500\,\mathrm{N{\cdot}cm}) = 0.$　　$\therefore$　$F = 100\,\mathrm{N}$

力 $\boldsymbol{F}$ が点 (x, y) に作用している場合，力 $\boldsymbol{F}$ を x 方向と y 方向の分力に $\boldsymbol{F} = \boldsymbol{F}_x + \boldsymbol{F}_y$ と分解すると，原点 O のまわりの力 $\boldsymbol{F}$ のモーメント N は，分力 $\boldsymbol{F}_x$ のモーメント $-yF_x$ と分力 $\boldsymbol{F}_y$ のモーメント xF_y の和である（図 8.7）．

$$N = xF_y - yF_x \tag{8.4}$$

8.2 剛体のつり合い

剛体のつり合いの条件　2つ以上の力が作用している剛体が静止し続けている場合，これらの力はつり合っているという．剛体に作用する力 $\boldsymbol{F}_1, \boldsymbol{F}_2, \cdots$ がつり合うための条件を求めよう．簡単のために，剛体に作用するすべての力の作用線は一平面上（xy 平面上）にあるものとする．

剛体に作用する力 $\boldsymbol{F}_1, \boldsymbol{F}_2, \cdots$ のつり合いの条件は2つある．

つり合いの第1条件は，作用する力のベクトル和 $\boldsymbol{F} = \boldsymbol{F}_1 + \boldsymbol{F}_2 + \cdots$ が $\boldsymbol{0}$

$$\boldsymbol{F}_1 + \boldsymbol{F}_2 + \cdots = \boldsymbol{0} \tag{8.5}$$

という条件である．この条件を x 成分の式と y 成分の式に分けて表すと，

$$F_{1x} + F_{2x} + \cdots = 0, \qquad F_{1y} + F_{2y} + \cdots = 0 \tag{8.5$'$}$$

となる．この条件が満たされていれば，(7.17) 式から剛体の重心の加速度 $\boldsymbol{A} = \boldsymbol{0}$ なので，静止していた剛体の重心が動きはじめることはない．

4.1 節で学んだように，力の作用線が同一であるか，1点で交わる場合には，(8.5) 式が満たされれば，力はつり合う．

つり合いの第2条件は，任意の1点Pのまわりの外力のモーメントの和 $N = N_1 + N_2 + \cdots$ が0という条件，

$$N = [\boldsymbol{F}_1 \text{のモーメント}] + [\boldsymbol{F}_2 \text{のモーメント}] + \cdots = 0 \tag{8.6}$$

である．この条件が満たされていれば，静止していた剛体が点Pのまわりに回転しはじめることはない（9.3節参照）．

静止している剛体の重心が静止し続け，1つの点Pのまわりに剛体が回転しはじめなければ，剛体は静止し続ける．したがって，2つの条件 (8.5) 式と (8.6) 式が剛体に作用する力がつり合うための条件である．

剛体のつり合いの問題の解き方

(1)　図を描き，(8.5) 式，(8.6) 式を適用する剛体を描く．

(2)　剛体に作用するすべての力のベクトルを作用点と作用線が正しくなるように記入する．重力の作用点は重心になるよう記入する．

(3)　力のつり合いの式 (8.5) を書く．

(4)　ある1つの点を選び，その点のまわりの (8.6) 式を書く．未知の力の作用点をこの点として選ぶのが便利である．

(5)　(8.5)，(8.6) 式を解く．

例 2 図 8.8 のように，$m = 50\,\text{kg}$ の物体を水平な軽い棒で 2 人の人間 A, B が支えるとき，2 人の肩が棒を支える力 F_A, F_B を，棒と物体に作用する 3 つの力 F_A，F_B と重力 $W = mg = (50\,\text{kg}) \times (9.8\,\text{m/s}^2) = 490\,\text{N}$ のつり合いの条件から求めよう．鉛直方向の力のつり合いの式は，

$$F_A + F_B - W = 0 \qquad \therefore \quad F_A + F_B = W = 490\,\text{N} \tag{8.7}$$

点 C のまわりの力のモーメントのつり合いの式は，符号まで考慮すると，

$$-F_A \times (60\,\text{cm}) + F_B \times (40\,\text{cm}) = 0$$

$$\therefore \quad 3F_A = 2F_B \tag{8.8}$$

となるので，2 つの条件から

$$F_A = \frac{2}{5}W = 196\,\text{N}, \quad F_B = \frac{3}{5}W = 294\,\text{N} \tag{8.9}$$

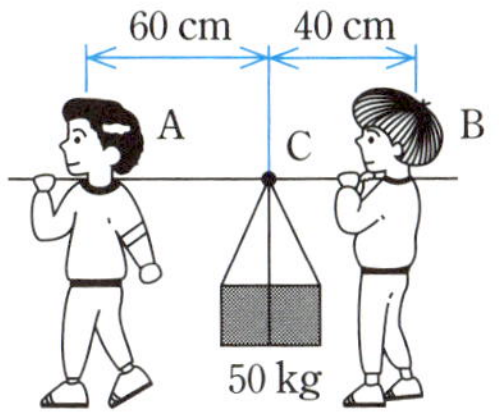

(a)

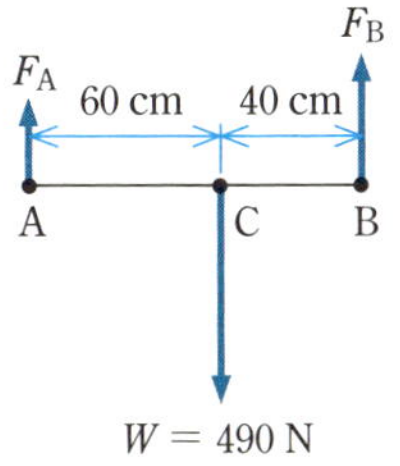

(b)

図 8.8

が導かれる．なお，棒が水平でなくても (8.9) 式の結果は変わらない．

例題 2 図 8.9 のように，斜面の上に角柱が静止している．この角柱が倒れない条件は，重力の作用線と斜面の交点 A が斜面と角柱の接触面の中にあることである．このことを示せ．

解 点 A のまわりの力のモーメントの和が 0 という条件から，垂直抗力 $\boldsymbol{N}$ は点 A を通らなければならない．垂直抗力は接触面に作用するのだから点 A は接触面の中になければならない．

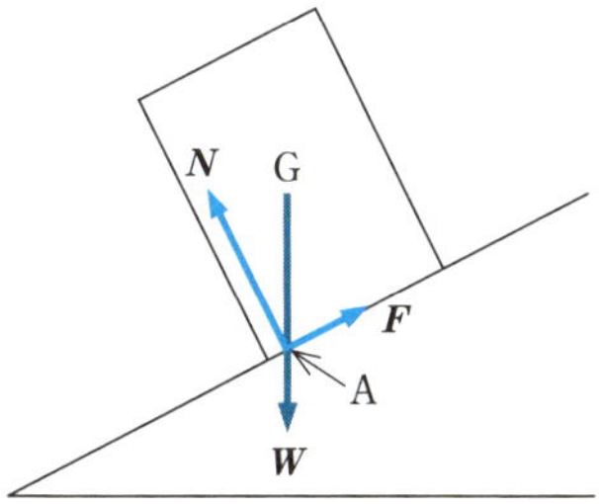

図 8.9

例題 3　図 8.10(a) の飛び込み台の長さ 4.5 m の板の端に質量が 50 kg の選手が立っている．板の質量が無視できるとき，1.5 m 間隔の 2 本の支柱に働く力 $\boldsymbol{F}_1, \boldsymbol{F}_2$ を求めよ．

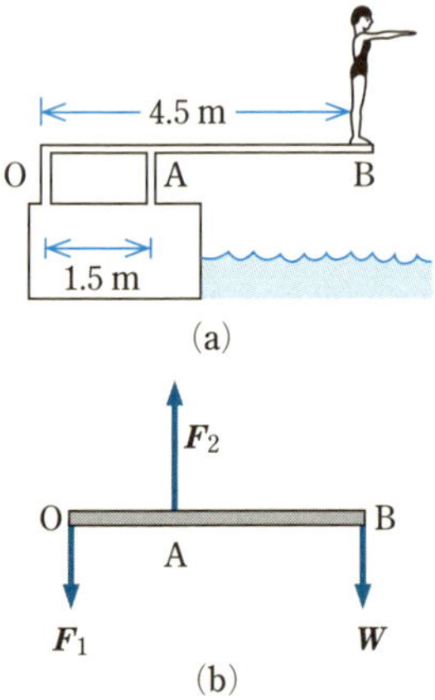

図 8.10

解　図 8.10(b) のように力 $\boldsymbol{F}_1$ を下向き，力 $\boldsymbol{F}_2$ を上向きとすると，鉛直方向の力のつり合いから

$$F_2 - F_1 = W = 50 \times (9.8\,\mathrm{N}) = 490\,\mathrm{N}.$$

点 O のまわりの力のモーメントの和 $N = 0$ という条件から

$$1.5F_2 - 4.5W = 0 \qquad \therefore \quad F_2 = 3W = 1470\,\mathrm{N},$$

$$F_1 = F_2 - W = 2W = 980\,\mathrm{N}$$

例題 4　図 8.11 のようにてのひらに 5 kg の物体をのせるとき，二頭筋の作用する力 $\boldsymbol{F}$ の大きさを求めよ．腕の質量は無視し，$L = 32\,\mathrm{cm}$，$d = 4\,\mathrm{cm}$ とせよ．

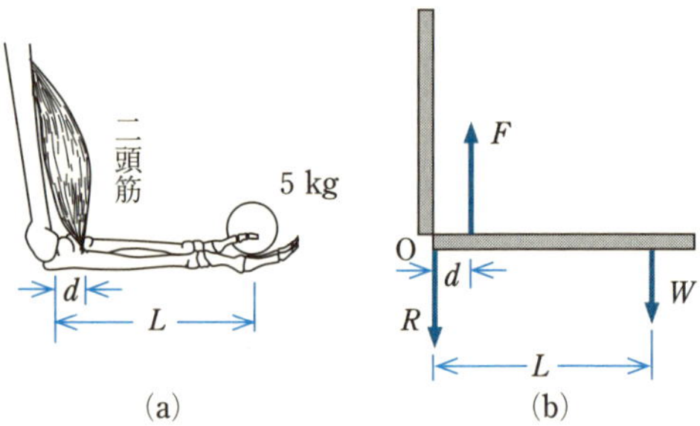

図 8.11

解　おもりに作用する重力 $W = 5 \times (9.8\,\mathrm{N}) = 49\,\mathrm{N}$. ひじのまわりのモーメントが 0 という条件から

$$Fd - WL = 0 \qquad \therefore \quad 4F = 32W.$$

$$F = 8W = 8 \times (49\,\mathrm{N}) = 392\,\mathrm{N}.$$

例題 5　厚さも幅も材質も一様な板が壁に立てかけてある (図 8.12)．板をどこまで傾けると板は床に倒れるか．板と床，板と壁の静止摩擦係数を μ_1, μ_2，板の長さを L とせよ．

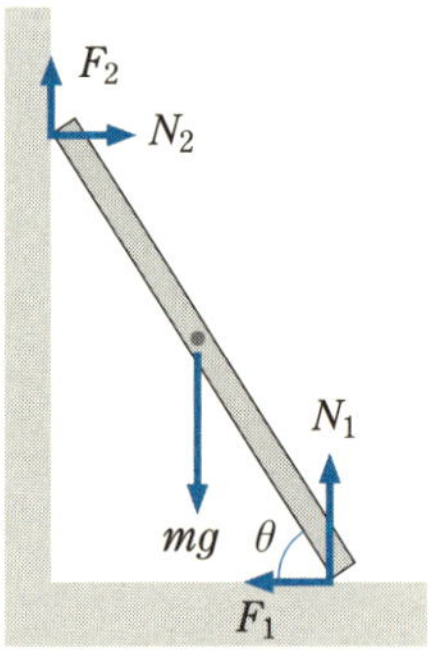

図 8.12

解　板の質量を m とする．板には，重心 (中心) に重力 mg，下端に床の垂直抗力 N_1 と静止摩擦力 F_1，上端に壁の垂直抗力 N_2 と静止摩擦力 F_2 が図 8.12 のように作用する．水平方向と鉛直方向の力のつり合い条件から

$$N_2 - F_1 = 0, \qquad N_1 + F_2 - mg = 0 \qquad (8.10)$$

板の上端のまわりの力のモーメントの和が0という条件から

$$N_1 L\cos\theta - F_1 L\sin\theta - \frac{1}{2}mgL\cos\theta = 0 \tag{8.11}$$

となる．$\theta = \theta_c$ で板が滑りはじめると，$\theta = \theta_c$ では

$$F_1 = \mu_1 N_1, \qquad F_2 = \mu_2 N_2 \tag{8.12}$$

なので，(8.10) 式に(8.12) 式を代入し，N_1, N_2 について解くと，

$$N_2 = F_1 = \mu_1 N_1, \qquad N_1 + F_2 = N_1 + \mu_2 N_2 = mg$$

$$\therefore \quad N_1 = \frac{mg}{1+\mu_1\mu_2}, \qquad N_2 = \frac{\mu_1 mg}{1+\mu_1\mu_2} = F_1 \tag{8.13}$$

(8.13) 式を $\theta = \theta_c$ とおいた (8.11) 式に代入すると，

$$\tan\theta_c = \frac{1-\mu_1\mu_2}{2\mu_1}$$

安定なつり合いと不安定なつり合い　ある物体に作用する力がつり合っている場合に，安定なつり合いと不安定なつり合いがある．物体をつり合いの状態から少しずらしたときに復元力が働く場合を安定なつり合いといい，そうでない場合を不安定なつり合いという．図 8.13 のやじろべえは安定なつり合いの例である．

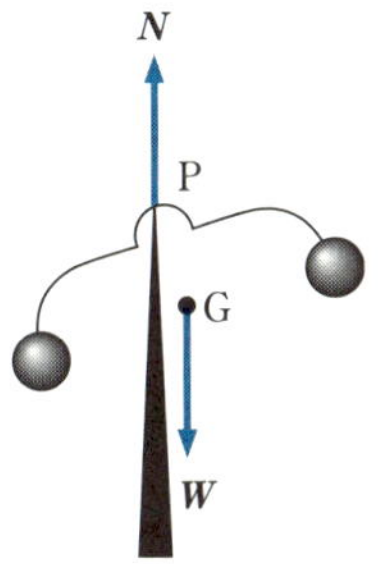

図 8.13

演習問題 8

1. ある種類の木の実を割るには，その両側から 30 N 以上の力を加える必要がある．図 1 の道具を使うと，木の実を割るために必要な力はいくらか．

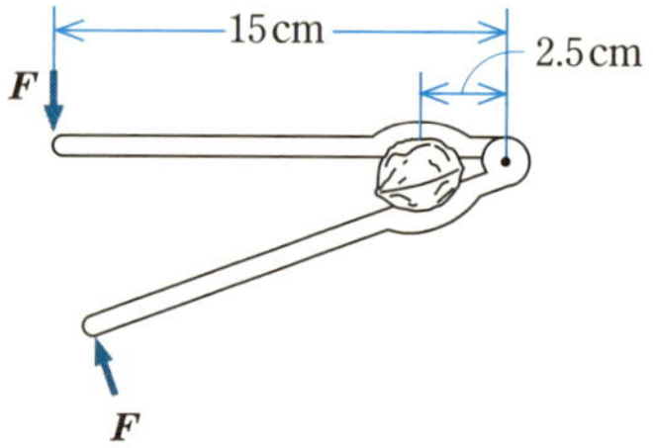

図 1

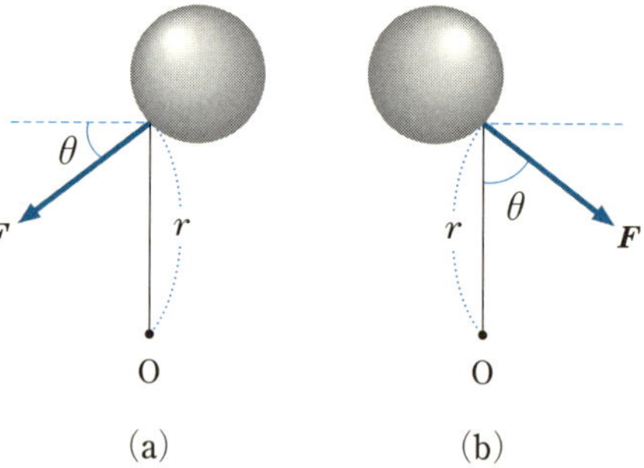

図 2

2. 図 2 の力 $\boldsymbol{F}$ の点 O のまわりのモーメントを求めよ．

3. 図 3 のように，一様な長方形の板を軽い水平な棒につける．棒は壁に固定したちょうつがいと綱で固定されている．

(1) 壁が棒に作用する力の水平方向成分は右向きか左向きか．

(2) 壁が棒に作用する力の鉛直方向成分は上向きか下向きか．

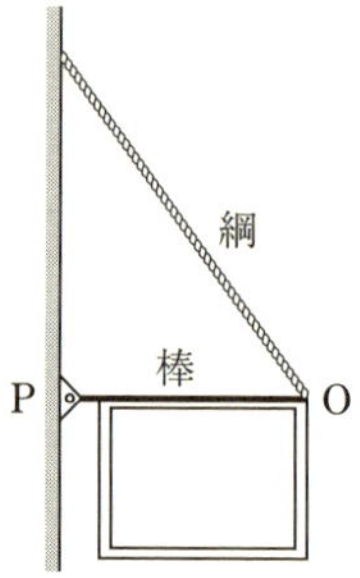

図 3

4. 同じ材質で同じ太さの綱を使う場合，図 4 のブランコ A, B のどちらが丈夫か．

5. 図 5 の飛び込み台の長さ L，質量 M の板の左端に質量 M の物体が置いてある．右端の支柱が板に作用する力の大きさと向きを求めよ．

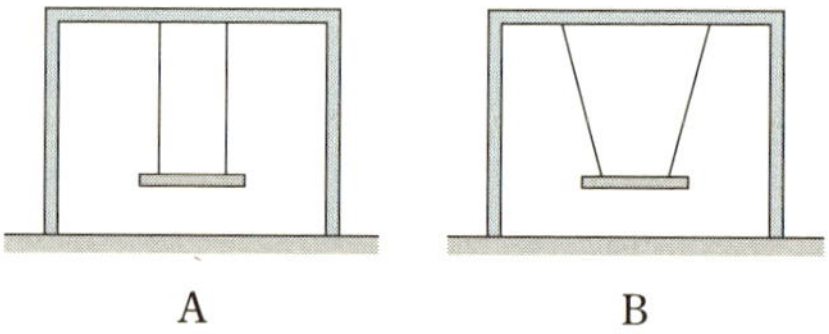

図 4

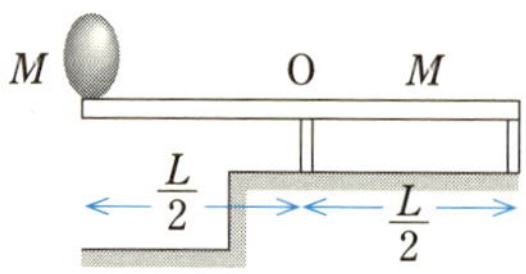

図 5

9 回転運動

本章では，固定軸のまわりの剛体の回転運動を学ぶ．固定軸のある剛体の位置を指定する量は基準の位置からの回転角 θ で，これを本書では角位置という．

本章の学習の第1の目標は，慣性モーメントとは剛体の回転状態の変化しにくさを表す量で，直線運動の場合の質量に対応する量であることを理解することであり，第2の目標は，固定軸のまわりの剛体の回転の運動方程式，

$$I\alpha = N \qquad \text{慣性モーメント} \times \text{角加速度} = \text{力のモーメント}$$

の導き方を理解することである．その上で，この式と直線運動の運動方程式

$$ma = F \qquad \text{質量} \times \text{加速度} = \text{力}$$

を比べれば，固定軸のまわりの剛体の回転運動と直線運動の下記の対応関係が得られ，直線運動で学んだことが回転運動に簡単に応用できる．

直線運動	$\Longleftrightarrow$	**固定軸のまわりの回転運動**
位置座標 x	$\Longleftrightarrow$	角位置 θ
速度 v	$\Longleftrightarrow$	角速度 ω
加速度 a	$\Longleftrightarrow$	角加速度 α
質量 m	$\Longleftrightarrow$	慣性モーメント I
力 F	$\Longleftrightarrow$	力のモーメント N
運動方程式 $ma = m\dfrac{\mathrm{d}v}{\mathrm{d}t} = F$	$\Longleftrightarrow$	運動方程式 $I\alpha = I\dfrac{\mathrm{d}\omega}{\mathrm{d}t} = N$
運動エネルギー $\dfrac{1}{2}mv^2$	$\Longleftrightarrow$	運動エネルギー $\dfrac{1}{2}I\omega^2$

最後に斜面を転がり落ちる球や円柱の速さは，滑り落ちる場合より遅くなる理由について学ぶ．

9.1 角速度と角加速度

剛体の位置を指定する角位置　図 9.1 に示すような，軸受けによって固定された軸のまわりの剛体の回転を考える．この剛体のすべての点は軸に垂直な平面上で，平面と軸との交点を中心とする円運動を行う．剛体の 1 点を P とし，点 P の回転の中心を O とすると，有向線分 OP が基準の方向（$+x$ 軸）となす角 θ によって，剛体の位置を指定できる（図 9.1）．剛体の位置を指定する角 θ を**角位置**という．

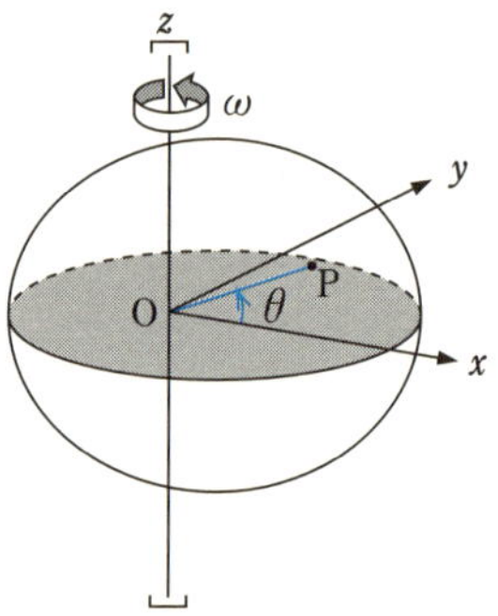

図 9.1

角速度と角加速度　固定軸のまわりの剛体の回転の速さは角速度 ω によって表される．**角速度**は角（角位置）θ が時間とともに変化する割合，つまり，回転角 ÷ 時間，

$$\omega = \frac{\mathrm{d}\theta}{\mathrm{d}t} \qquad \text{角速度} = \frac{\text{回転角}}{\text{時間}} \tag{9.1}$$

である．国際単位系での角度の単位はラジアン（記号 rad）で，1 回転するときの回転角は 2π rad なので，角速度 ω は単位時間あたりの回転数 f の 2π 倍，

$$\omega = 2\pi f \tag{9.2}$$

である（5.1 節参照）．

角速度が時間とともに変化する割合の $\alpha = \dfrac{\mathrm{d}\omega}{\mathrm{d}t}$ を角加速度という．

$$\alpha = \frac{\mathrm{d}\omega}{\mathrm{d}t} = \frac{\mathrm{d}^2\theta}{\mathrm{d}t^2} \qquad \text{角加速度} = \frac{\text{角速度の変化}}{\text{時間}} \tag{9.3}$$

角加速度の単位は，「角速度の単位 rad/s」÷「時間の単位 s」= rad/s^2 である．

固定軸のまわりの剛体の回転運動では，剛体のすべての部分は固定軸のまわりを共通の角速度と共通の角加速度で回転する．

例 1　時計の長針の角速度 ω_L と短針の角速度 ω_S の比は 12：1 である（$\omega_L = 12\omega_S$）．正しい時刻にあわせるために針を回すときの長針の角加速度 α_L と短針の角加速度 α_S の比も 12：1 である．しかし，長針の先端の速さ v_L と短針の先端の速さ v_S の比は 12：1 ではなく，$v_L > 12v_S$ である．

接線加速度と角加速度　等速円運動する物体の加速度は，向心加速度 $a_r = \dfrac{v^2}{r} = r\omega^2$ であるが (5.1 節)，等速でない円運動の加速度 $\boldsymbol{a}$ は，向心加速度以外に，円の接線方向を向いた成分の接線加速度 a_t をもつ (図 9.2).

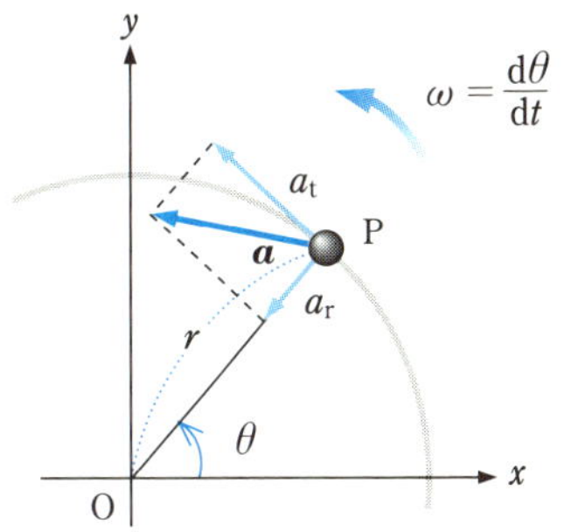

図 9.2　向心加速度 a_r と接線加速度 a_t

角速度が ω で半径 r の円運動を行う物体の速さは，「半径」×「角速度」

$$v = r\omega \qquad \text{円運動の速さ = 半径×角速度} \tag{9.4}$$

なので (5.1 節)，接線加速度 a_t は

$$a_t = \frac{dv}{dt} = \frac{d(r\omega)}{dt} = r\frac{d\omega}{dt} = r\alpha$$

$$\therefore \quad a_t = r\alpha \qquad \text{円運動の接線加速度 = 半径×角加速度} \tag{9.5}$$

と表される.

例 2　半径 r_L の大きな車輪と半径 r_S の小さな車輪が滑らないベルトで結ばれている (図 9.3). ベルトの速さを v とすると，2 つの車輪の角速度は

$$r_L\omega_L = v = r_S\omega_S$$
$$(r_L > r_S \text{ なので，} \omega_S > \omega_L)$$

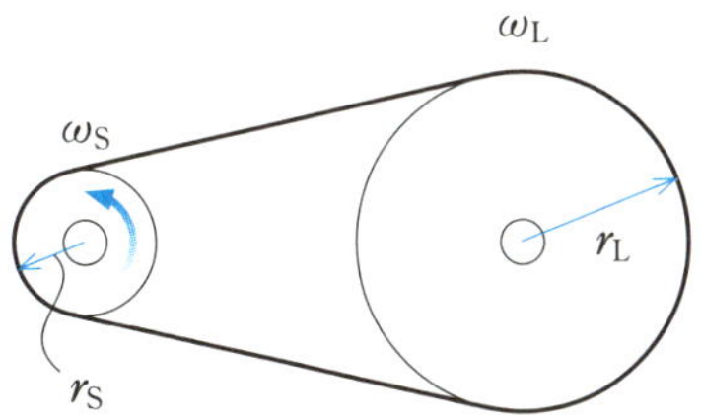

図 9.3

という関係で結ばれているので，小さな車輪の角速度 ω_S は大きな車輪の角速度 ω_L より大きい. また，小さな車輪の角加速度 α_S は大きな車輪の角加速度 α_L より大きく，$r_L\alpha_L = r_S\alpha_S$ という関係を満たす ($\alpha_S > \alpha_L$).

9.2 回転運動の運動エネルギーと慣性モーメント

例3 長さ r の軽い棒の一端に質量 m の重いおもりをつけ，もう一方の端の点Oを通る回転軸のまわりで角速度 ω の回転をさせる(図9.4)．おもりの速さは $v = r\omega$ なので，おもりの運動エネルギー K は，次のように表される．

$$K = \frac{1}{2}mv^2 = \frac{1}{2}m(r\omega)^2 = \frac{1}{2}mr^2\omega^2 \quad (9.6)$$

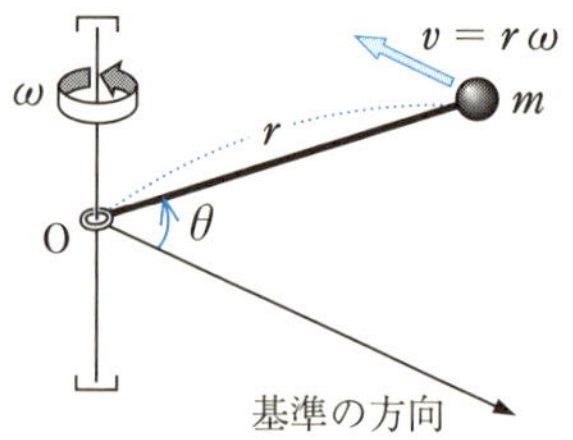

図9.4

固定軸のまわりを回転する剛体の運動エネルギーと慣性モーメント　一般の剛体の回転運動のエネルギーを求めるには，剛体を小さな体積要素に分割して，これらの体積要素の和だと考える．図9.5(b)の質量 m_i をもつ i 番目の体積要素と回転軸の距離を r_i とすると，速さは $v_i = r_i\omega$ なので，運動エネルギー K_i は次のようになる．

$$K_i = \frac{1}{2}m_i{v_i}^2 = \frac{1}{2}m_i{r_i}^2\omega^2 \quad (9.7)$$

剛体全体の運動エネルギー K は，各体積要素の運動エネルギーの和なので

$$K = \frac{1}{2}m_1{r_1}^2\omega^2 + \frac{1}{2}m_2{r_2}^2\omega^2 + \cdots = \frac{1}{2}(m_1{r_1}^2 + m_2{r_2}^2 + \cdots)\omega^2 \quad (9.8)$$

と表される．そこで，剛体の固定軸のまわりの**慣性モーメント** I を

$$I = m_1{r_1}^2 + m_2{r_2}^2 + \cdots \quad (9.9)$$

と定義すると，剛体の回転運動の運動エネルギー K は

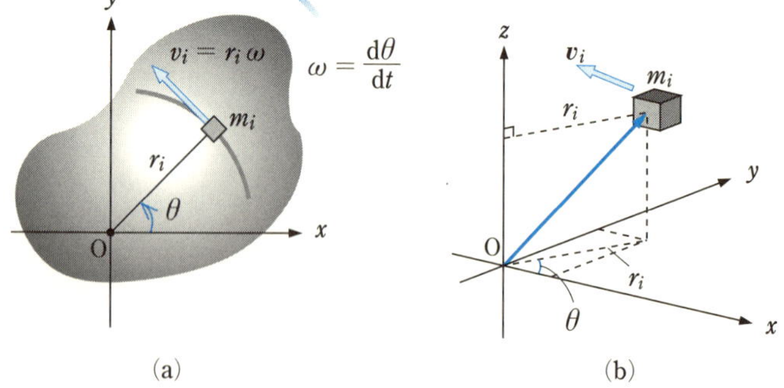

図9.5

$$K = \frac{1}{2} I \omega^2 \qquad (9.10)$$

と表される．図 9.4 のおもりの慣性モーメント I は，$I = mr^2$ である．

慣性モーメントの計算例を図 9.6 に示す．同じ物体でも回転軸が異なると，慣性モーメントの大きさは異なる（図 9.6 の上から 3 列目までの右と左を比べよ）．同じ質量でも，質量が軸から遠い場合には，慣性モーメントは大きい．

細長い棒
$I_G = \frac{1}{12} ML^2$

細長い棒
$I = \frac{1}{3} ML^2$

円柱
$I_G = \frac{1}{12} ML^2 + \frac{1}{4} MR^2$

円柱
$I_G = \frac{1}{2} MR^2$

円環
$I_G = MR^2$

円環
$I_G = \frac{1}{2} MR^2$

薄い円筒
$I_G = MR^2$

厚い円筒
$I_G = \frac{1}{2} M(R_1^2 + R_2^2)$

薄い直方体
$I_G = \frac{1}{12} M(a^2 + b^2)$

薄い直方体
$I = \frac{1}{3} M(a^2 + b^2)$

球
$I_G = \frac{2}{5} MR^2$

薄い球殻
$I_G = \frac{2}{3} MR^2$

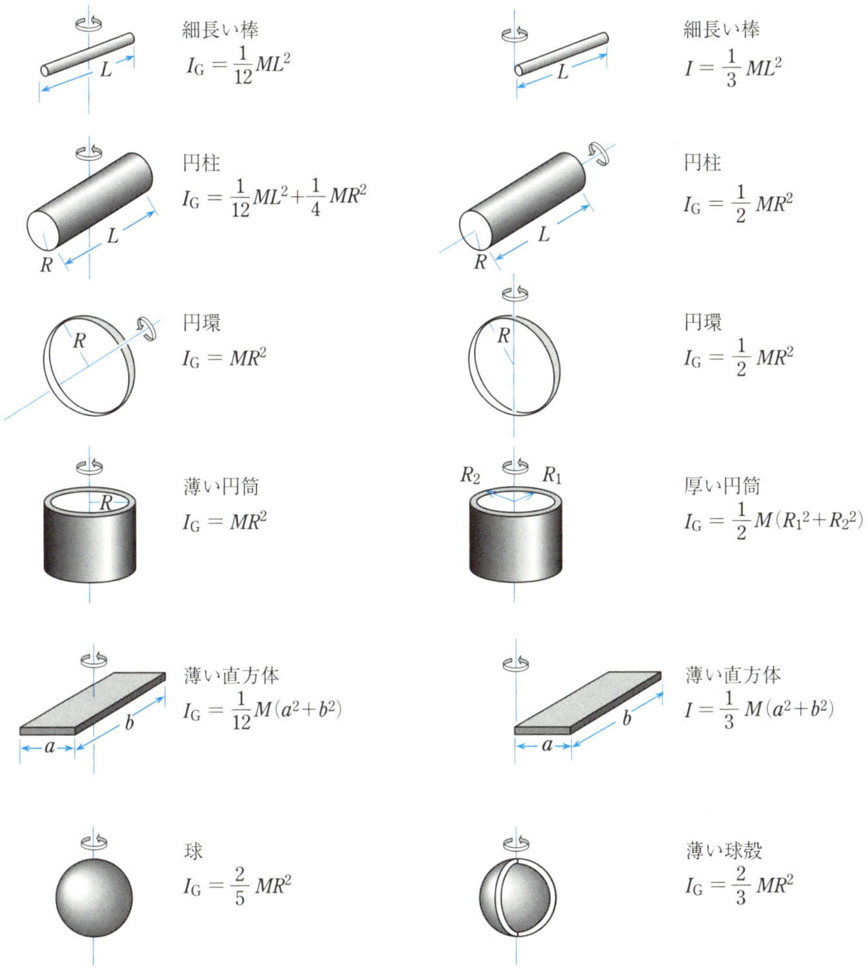

図 9.6 慣性モーメントの例．M は質量．I_G は回転軸が重心を通る場合の慣性モーメント．

9.3 固定軸のまわりの剛体の回転運動の法則

慣性モーメントは剛体の回転状態の変化しにくさを表す量　剛体には回転させやすいものと，回転させにくいものがある．回転させるための仕事は，回転運動のエネルギー $\frac{1}{2}I\omega^2$ に等しいので，慣性モーメント I に比例する．したがって，慣性モーメントは剛体の回転状態の変化しにくさを表す量で，直線運動の場合の質量に対応する．

問 1　図 9.7(a),(b)のどちらの場合の慣性モーメントが大きいか．どちらの場合が回しやすいか．

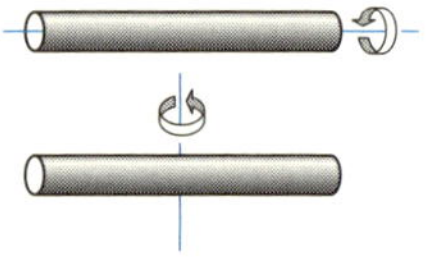

図 9.7

固定軸のまわりの剛体の回転運動の法則は $I\alpha = N$　半径 r の円運動をしている質量 m の小物体の円の接線方向の運動方程式

$$F_{\mathrm{t}} = ma_{\mathrm{t}} \tag{9.11}$$

の両辺に半径 r を掛けると

$$rF_{\mathrm{t}} = N = mra_{\mathrm{t}} = mr(r\alpha) = mr^2\alpha \tag{9.12}$$

が導かれる［図 9.8(a)］．$rF_{\mathrm{t}} = N$ は前章で学んだ，円の中心のまわりの力のモーメント（トルク）である．

剛体の場合，剛体を小物体の集まりと考えると，各小物体に対する(9.12)式

$$N_i = mr_i^2\alpha \tag{9.13}$$

が成り立つので，それらの和として，**固定軸のある剛体の回転運動の法則**

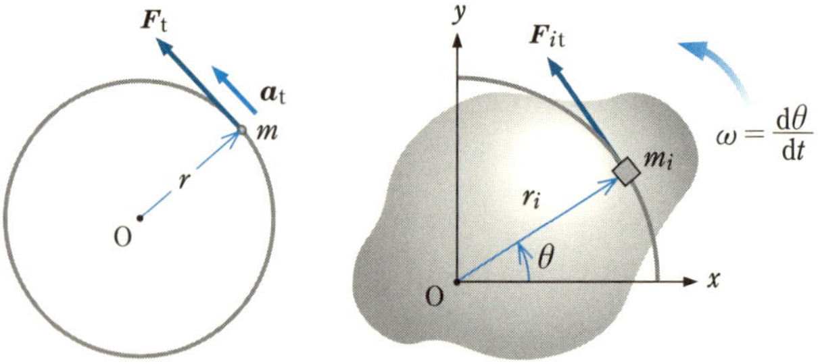

(a) $F_{\mathrm{t}} = ma_{\mathrm{t}} = mr\alpha$　　(b) $N_i = r_iF_{i\mathrm{t}} = mr_i^2\alpha$

図 9.8

$$N = N_1 + N_2 + \cdots = mr_1{}^2\alpha + mr_2{}^2\alpha + \cdots$$
$$= (mr_1{}^2 + mr_2{}^2 + \cdots)\alpha = I\alpha \tag{9.14}$$

$$\therefore \quad I\alpha = N \qquad \left(I\frac{\mathrm{d}^2\theta}{\mathrm{d}t^2} = N\right) \tag{9.15}$$

が導かれる [図 9.8(b)]．I は (9.9) 式で定義された慣性モーメントで，

$$N = N_1 + N_2 + \cdots \tag{9.16}$$

は剛体に作用する外力のモーメントの和で，**外力のモーメント**という（各小物体に作用する内力のモーメントは，作用反作用の法則によって打ち消し合う）．

(9.15) 式から，$N = 0$ の場合は角加速度 α が 0 であることがわかる．したがって，静止している剛体が回転をはじめないで，静止状態を続ける条件は，外力のモーメント $N = 0$ である．

固定軸のまわりの剛体の回転運動と x 軸に沿っての直線運動との対応　直線運動の運動方程式 $ma = F$ と固定軸のまわりの回転運動の運動方程式 $I\alpha = N$ を比べると，

慣性モーメント I	$\Longleftrightarrow$	質量 m
角位置 θ	$\Longleftrightarrow$	位置座標 x
力のモーメント N	$\Longleftrightarrow$	力 F
角速度 ω	$\Longleftrightarrow$	速度 v
角加速度 α	$\Longleftrightarrow$	加速度 a

という対応関係があることがわかる．この他，直線運動で成り立つ関係式に対応する回転運動の関係式は，上の置き換えで下記のように得られる．

運動エネルギー $\frac{1}{2}I\omega^2$	$\Longleftrightarrow$	運動エネルギー $\frac{1}{2}mv^2$
仕事 $W = N\theta$	$\Longleftrightarrow$	仕事 $W = Fx$

9.4 剛体の平面運動

剛体の平面運動　剛体のすべての点が一定の平面に平行な平面上を動く運動を剛体の平面運動という．図 9.9 の円柱などが平らな斜面を転がり落ちる運動はその一例である．この一定の平面を xy 平面に選ぶと，剛体の位置を定めるには，重心 G の x, y 座標の X, Y のほかに，xy 平面内にある剛体のもう 1 つの点 P の位置を知る必要があるが，これは有向線分 GP が $+x$ 軸となす角 θ から決められる（図 9.10）．したがって，剛体の平面運動を調べるには，重心 G の座標 X, Y と重心 G のまわりの回転角 θ のしたがう運動法則が必要である．

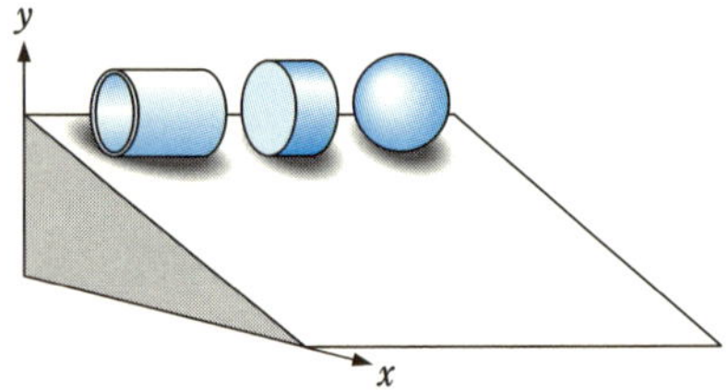

図 9.9

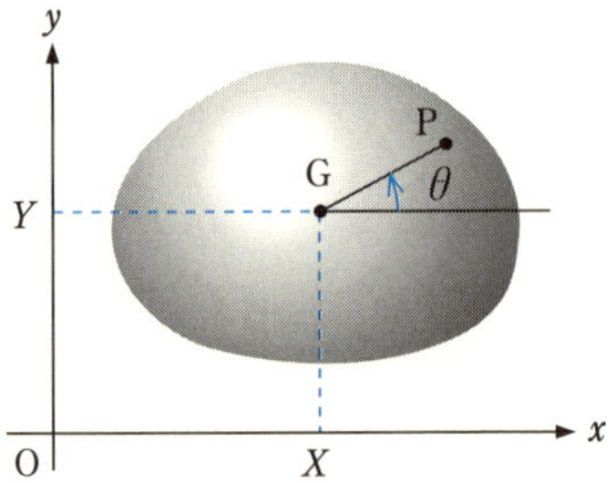

図 9.10

剛体の重心の運動法則　外力 $\boldsymbol{F}$ の作用している質量 M の剛体の重心 G(X, Y) の運動方程式は，7.3 節で導いた．

$$M\boldsymbol{A} = \boldsymbol{F} \qquad (MA_x = F_x,\ MA_y = F_y) \tag{9.17}$$

剛体の重心のまわりの回転運動の法則　固定軸のまわりの剛体の回転運動の法則は (9.15) 式である．重心を通る軸のまわりの回転運動も同じ形の法則，

$$I_{\mathrm{G}}\alpha = N \qquad I_{\mathrm{G}}\frac{\mathrm{d}^2\theta}{\mathrm{d}t^2} = N \tag{9.18}$$

である．I_{G} は重心を通り z 軸に平行な直線のまわりの慣性モーメント，N は外力のこの直線のまわりのモーメントの和，α は重心のまわりの回転の角加速度である．(9.18) 式は重心が運動していても成り立つ．

剛体の運動エネルギー　剛体の運動エネルギー K は重心の運動エネルギーと重心のまわりの回転運動の運動エネルギーの和である．

$$K = \frac{1}{2}MV^2 + \frac{1}{2}I_{\mathrm{G}}\omega^2 \tag{9.19}$$

力学的エネルギー保存則　摩擦力や抵抗によって熱が発生しない場合には，剛体の運動エネルギーと重力による位置エネルギーの和が一定という力学的エネルギー保存則が成り立つ．剛体の重心の高さを h とすると，

$$\frac{1}{2}MV^2+\frac{1}{2}I_G\omega^2+Mgh=\text{一定} \tag{9.20}$$

剛体が平面上を滑らずに転がる場合　半径 R の円柱，円筒，球，球殻などが平面上を滑らずに転がる場合を考える．重心Gのまわりに角速度 ω で回転すると，接触点Pの回転による速度は $-R\omega$ である[図 9.11(b)]．接触点Pは滑らないので，点Pの速度は0である．したがって，重心速度（並進運動の速度）V [図 9.11(a)]と回転による速度 $-R\omega$ は打ち消し合うので，

$$V=R\omega \tag{9.21}$$

という関係がある．

円柱や球が平面上を滑らずに転がる場合の運動エネルギー K は

$$K=\frac{1}{2}I_G\omega^2+\frac{1}{2}MV^2=\frac{1}{2}\left(\frac{I_G}{R^2}+M\right)V^2 \tag{9.22}$$

となる．斜面を転がり落ちた場合，減少した重力による位置エネルギー Mgh の一部は重心のまわりの回転運動のエネルギーになるので，摩擦のない斜面を同じ高さだけ滑り落ちた場合に比べ，速さ V は $\dfrac{1}{\sqrt{1+(I_G/MR^2)}}$ 倍になり，$\dfrac{I_G}{MR^2}$ が大きい剛体ほど遅く落ちることがわかる．図 9.6 の慣性モーメントの表を見ると，図 9.9 の場合，薄い円筒がいちばん遅く，薄い球殻，円柱の順に速くなり，球がいちばん速いことがわかる．

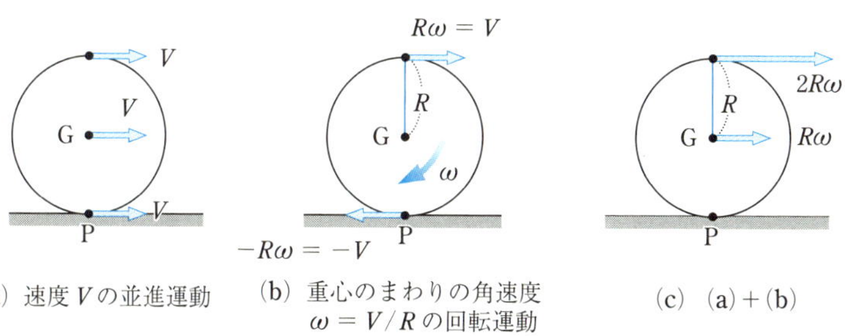

図 9.11　円柱が平面上を滑らずに転がる場合．各瞬間での運動は斜面との接触点Pを中心とする角速度 $\omega=V/R$ の回転運動

演習問題 9

1. 図1の2つの円板 B, C は接触していて，滑り合うことなく回転している．円板 A, B は接着されていて，時計の回る向きとは逆向きに回転している．円板 C の角速度と角加速度は 2 rad/s と 6 rad/s^2 である．おもり D の速度と加速度を求めよ．

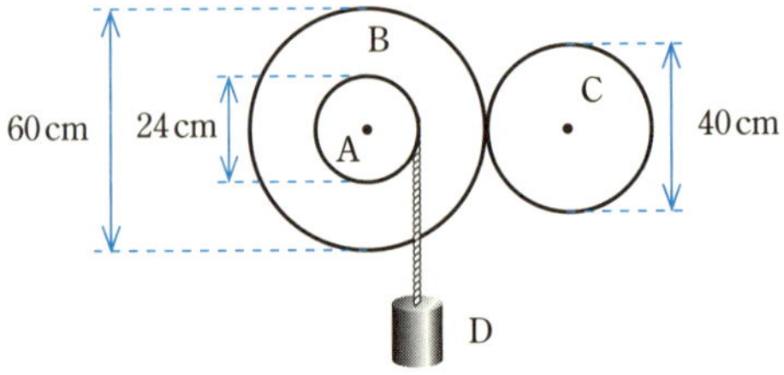

図 1

2. 同じ長さで同じ太さの鉄の棒とアルミニウムの棒を図2のように接着した．点 O のまわりに回転できる (a) の場合と点 O′ のまわりに回転できる (b) の場合，どちらが回転させやすいか．

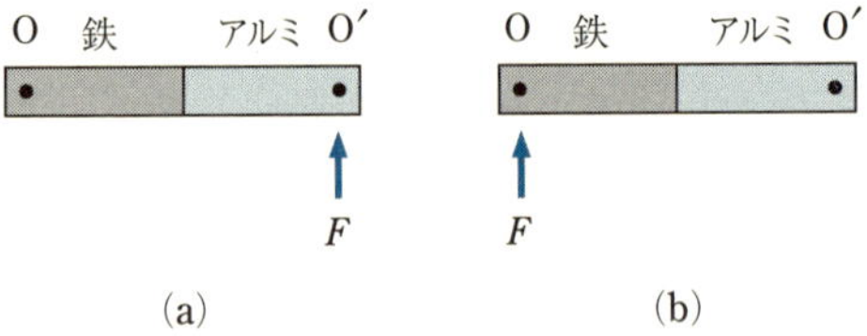

図 2

3. 大きさも重さも同じだが，一方は中空で，もう一方は物質が中まで詰まっている2つの球がある．球を割らずに中空の球を選び出せ．

4. 図3のように糸巻きの糸を引くとき，引く方向によって糸巻きの運動方向は異なる．図3の $\boldsymbol{F}_1, \boldsymbol{F}_2, \boldsymbol{F}_3$ の場合はどうなるか．床と接触点のまわりの外力のモーメントを考えてみよ．

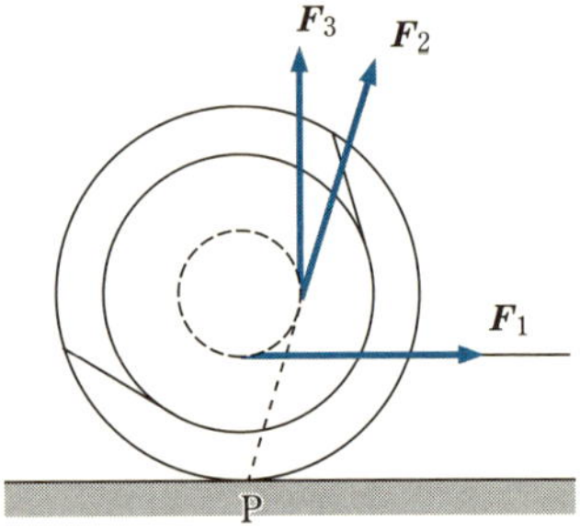

図 3

10 振動

振動は日常生活で見なれている現象である．身のまわりに振動の例はいくつもある．ブランコや振り子のように吊ってあるものをゆらした場合には振動が起こる．**振動**は，物体がつり合いの位置のまわりで，復元力によって同じ道筋を左右あるいは上下などに繰り返し動く周期運動である．一般に，つり合いの位置からのずれが小さな場合，復元力の大きさはずれの大きさに比例する．つり合いの位置からのずれに比例する復元力だけの作用を受けている物体の振動を**単振動**という．単振動は，周期が振幅の大きさによって変化しないという特徴をもつ．

振動している振り子は，摩擦や抵抗などによって力学的エネルギーを徐々に失うので，外部からエネルギーを補給しないと，振幅が小さくなっていく．振幅が減衰していく振動を**減衰振動**という．

振り子を振動させ続けるには，周期的に変動する外力を振り子に作用しなければならない．周期的に変動する外力を加えると，振り子は外力と同じ振動数で振動するが，この振動を**強制振動**という．外力の振動数が振り子の固有振動数と同じ場合，大きな振幅の振動が起こる．これを**共振**あるいは共鳴という．

この章では，単振動する物体の運動方程式は，等速円運動する物体を x 軸に投影した影の運動，つまり，等速円運動を横から眺めた運動（振動）の運動方程式と同じであることを示して，単振動の周期を導くことによって振動の学習をはじめる．

10.1 単 振 動

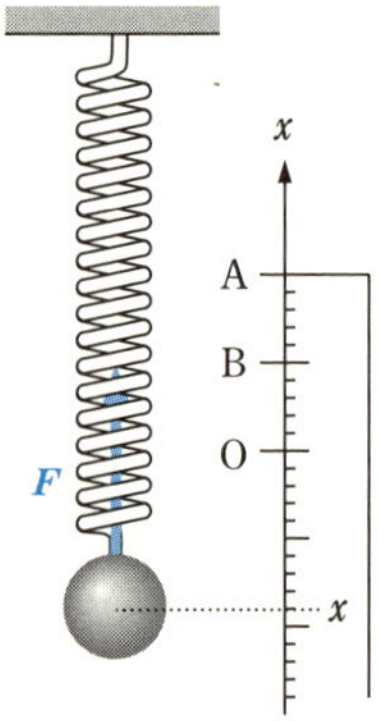

図 10.1 ばね振り子 $F=-kx$

ばねに吊るしたおもりをつり合いの位置（原点O）から上下にずらすと，おもりには，ずれ x に比例する復元力（弾性力）

$$F=-kx \tag{10.1}$$

が作用する（図 10.1）．比例定数 k を**ばね定数**とよぶ．負符号をつけた理由は，復元力の向きと変形の向きは逆向きだからである．

ずれの大きさ x に比例する復元力だけによる振動を**単振動**という．図 10.1 に示した，軽いばねに吊るした質量 m のおもりの運動方程式は

$$ma=-kx \qquad \text{質量}\times\text{加速度}=\text{復元力} \tag{10.2}$$

である．この式の両辺を質量 m で割ると，

$$a=-\frac{k}{m}x \tag{10.3}$$

となる．そこで，単振動の角振動数とよばれる定数 ω を

$$\omega=\sqrt{\frac{k}{m}} \tag{10.4}$$

と定義すると，(10.3) 式は

$$a=-\omega^2 x \qquad \left(\frac{\mathrm{d}^2x}{\mathrm{d}t^2}=-\omega^2 x\right) \tag{10.5}$$

と表される．この式は単振動のしたがう運動方程式の標準の形である．

(10.5) 式は，5.1 節で導いた (5.6) の第 1 式，つまり，単位時間あたりの回転数が f で角速度（単位時間あたりの回転角）が $\omega=2\pi f$ の等速円運動を x 軸に投影した影の運動方程式 $a_x=-\omega^2 x$ と同じである [(10.5) 式の a は a_x の略記である]．運動方程式が同じなら，解が表す運動も同じである．したがって，運動方程式 (10.2) にしたがうばね振り子の単振動の振動数 f は

$$f=\frac{\omega}{2\pi}=\frac{1}{2\pi}\sqrt{\frac{k}{m}} \qquad \text{（ばね振り子の振動数）} \tag{10.6}$$

である．振動数の単位は $1/\mathrm{s}=\mathrm{s}^{-1}$ であるが，これを**ヘルツ**とよび Hz と記す．なお，なお，振動の場合，ω を（角速度ではなく）角振動数とよぶ．

おもりを長さ A だけ引き上げて，手を放したときのおもりの振動は，角速度 ω で半径 A の円周上を等速円運動する物体の運動を x 軸に投影した影の運動

$$x(t) = A\cos\omega t \tag{10.7}$$

である（図 10.2）．この振動では，おもりは 2 点 $x = A$ と $-A$ の間を往復する．変位の最大値である A を単振動の**振幅**という．

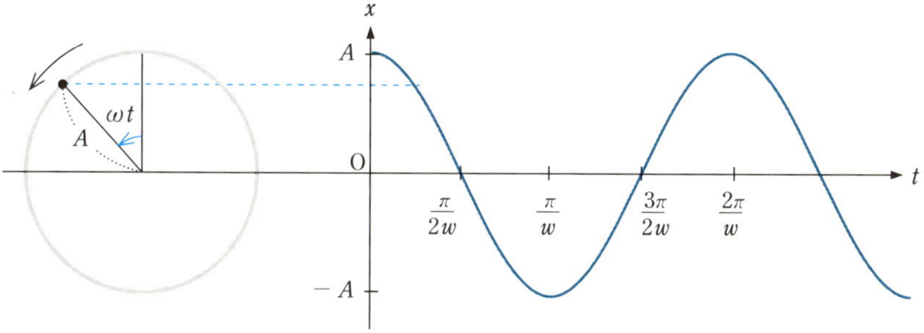

図 10.2　$x = A\cos\omega t$

振動数 f と周期 T の関係は $fT = 1$ なので，ばね振り子の周期 T は

$$T = \frac{1}{f} = \frac{2\pi}{\omega}$$

$$\therefore \quad T = 2\pi\sqrt{\frac{m}{k}} \qquad \text{（ばね振り子の周期）} \tag{10.8}$$

である．周期は $\sqrt{m}$ に比例し，$\sqrt{k}$ に反比例するので，ばねが強く（k が大きく）おもりが軽いほど周期は短く，ばねが弱くおもりが重いほど周期は長い．単振動の周期の式に振幅 A は現れない．そこで，おもりの運動を開始させる位置を変えると，振幅 A は変化するが，周期 T は変化せず一定である．周期が振幅によって変わらないことは単振動の特徴であり，**等時性**とよばれる．

例題 1　ばね定数 $k = 100\,\mathrm{kg/s^2}$ のばねに吊るした質量 $m = 1.0\,\mathrm{kg}$ のおもりの単振動の周期を求めよ．

解　$T = 2\pi\sqrt{\dfrac{m}{k}} = 2\pi\sqrt{\dfrac{1.0\,\mathrm{kg}}{100\,\mathrm{kg/s^2}}} = 0.63\,\mathrm{s}$

三角関数で表した単振動　単振動の運動方程式 (10.5) の一般解は

$$x = A\cos(\omega t+\phi) \tag{10.9}$$

と表され (図 10.3)，速度は

$$v = -\omega A\sin(\omega t+\phi) \tag{10.10}$$

と表されることは 5.3 節で学んだ (半径の r の代わりに振幅を A とし，定数 θ_0 を ϕ とした)．解に現れる $\omega t+\phi$ を**位相**という．位相は，振動が 1 周期の中のどの状態にあるのかを示す．

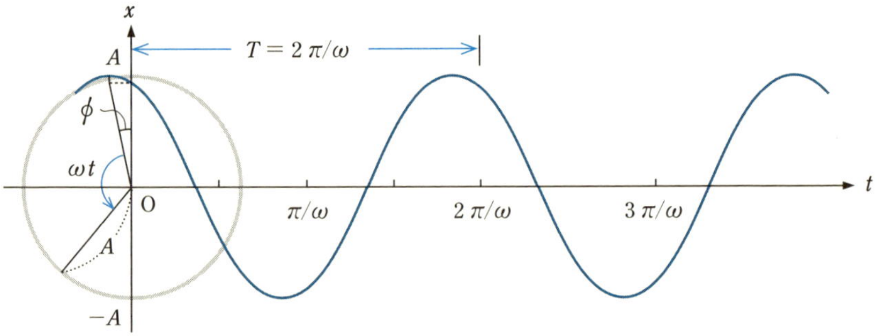

図 10.3　$x = A\cos(\omega t+\phi)$

解 (10.9) に含まれる任意定数 A と ϕ の物理的な意味を調べるために，(10.9) 式と (10.10) 式で $t = 0$ とおき，時刻 $t = 0$ での質点の位置を x_0，速度を v_0 とすると，

$$x_0 = A\cos\phi, \qquad v_0 = -\omega A\sin\phi \tag{10.11}$$

となる．三角関数の加法定理 $\cos(A+B) = \cos A\cos B-\sin A\sin B$ を使って，(10.9) 式を変形して，(10.11) 式を使うと，

$$\begin{aligned} x(t) &= A\cos\omega t\cos\phi-A\sin\omega t\sin\phi \\ &= x_0\cos\omega t+\frac{v_0}{\omega}\sin\omega t \end{aligned} \tag{10.12}$$

となる．つまり，(10.9) 式の 2 つの任意定数 A と ϕ は時刻 $t = 0$ での質点の位置 x_0 と速度 v_0 に対応している．A と ϕ を調節すると，時刻 $t = 0$ での質点の位置 x_0 と速度 v_0 がどのような値でも，(10.9) 式が単振動を正しく表すようにできる．

10.2 弾性力による位置エネルギーと力学的エネルギー保存則

重力に対して重力による位置エネルギーが存在するように，ばねの弾性力 $F=-kx$ に対してばねの**弾性力による位置エネルギー**

$$U(x)=\frac{1}{2}kx^2 \tag{10.13}$$

が存在する．

(10.9) 式と(10.10) 式を使うと，

$$\frac{1}{2}mv^2+\frac{1}{2}kx^2=\frac{1}{2}A^2m\omega^2\sin^2(\omega t+\phi)+\frac{1}{2}A^2k\cos^2(\omega t+\phi)$$
$$=\frac{1}{2}kA^2=\frac{1}{2}m\omega^2A^2=\text{一定} \tag{10.14}$$

が得られるので，おもりの運動エネルギーとばねの弾性力による位置エネルギーの和である力学的エネルギーは保存する．

$$\frac{1}{2}mv^2+\frac{1}{2}kx^2=\text{一定} \qquad \text{（力学的エネルギー保存則）} \tag{10.15}$$

なお，(10.14) 式の計算で $m\omega^2=k$ と $\sin^2 x+\cos^2 x=1$ を使った．図 10.4 の K は，対応する x の値での運動エネルギーである．

摩擦や抵抗が無視できれば，ばね振り子の振動は長く続く．力学的エネルギーが保存するからである．伸びたばねが縮み，縮んでいるばねが伸びるときには，弾性力がおもりに行う仕事を仲立ちにして，弾性力による位置エネルギーがおもりの運動エネルギーに変わる．運動しているおもりがばねを伸び縮みさせるときにする仕事を仲立ちにして，おもりの運動エネルギーが弾性力による位置エネルギーに変わる．振り子ではこの過程が繰り返し起きている．

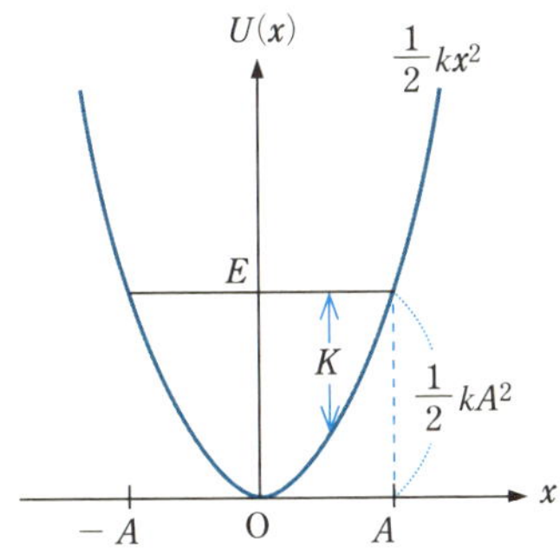

図 10.4

10.3 単振り子

長い糸（長さ L）の一端を固定し，他端におもり（質量 m）をつけ，鉛直面内でおもりに振幅の小さな振動をさせる装置を**単振り子**という．おもりは糸の張力と重力の作用を受けて，半径 L の円弧上を往復運動する（図 10.5）．糸の張力の向きはおもりの運動方向に垂直なので，おもりを振動させる力は重力 $\boldsymbol{mg}$ の軌道の接線方向成分 F である．糸が鉛直線から角 θ だけずれた状態では

$$F = -mg\sin\theta \qquad (g\text{は重力加速度}) \tag{10.16}$$

である．負符号は，力の向きがおもりのずれと逆向きで，つり合いの位置の方を向いていることを示す．この力 F によって，おもりは円弧上を往復運動する．

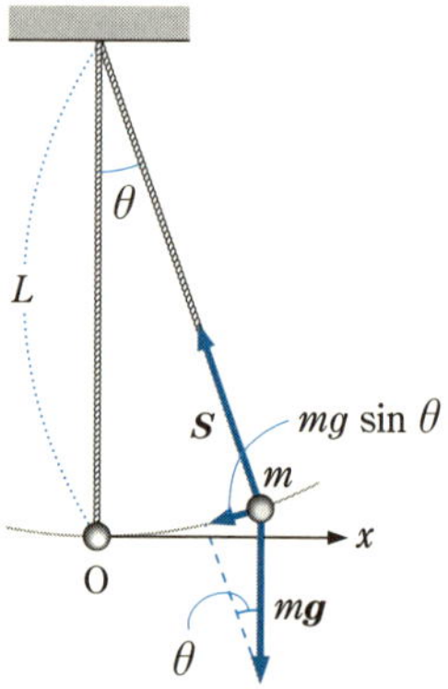

図 10.5 単振り子

振り子の振幅が小さい場合には，おもりは近似的に水平な x 軸上を往復運動するとみなせる．$x = L\sin\theta$ なので，おもりを振動させる力 F は

$$F = -mg\sin\theta = -\frac{mg}{L}x \tag{10.17}$$

と表せる．したがって，単振り子のおもりの運動方程式は，近似的に，

$$ma = -\frac{mg}{L}x \tag{10.18}$$

である．この式の両辺を m で割ると，

$$a = -\frac{g}{L}x \tag{10.19}$$

となる．ここで，

$$\omega = \sqrt{\frac{g}{L}} \qquad (\text{単振り子の角振動数}) \tag{10.20}$$

とおくと，(10.19) 式は

$$a = -\omega^2 x \tag{10.21}$$

となる．この運動方程式はばね振り子の運動方程式 (10.5) 式と同じなので，単振り子の振動は単振動であり，角振動数 ω は (10.20) 式，振動数 f は

$$f = \frac{1}{2\pi}\sqrt{\frac{g}{L}} \qquad (\text{単振り子の振動数}) \tag{10.22}$$

で与えられる．単振り子の周期 T は，関係 $fT = 1$ から

$$T = 2\pi\sqrt{\frac{L}{g}} \qquad \text{(単振り子の周期)} \tag{10.23}$$

である．

単振り子の周期 T は糸の長さ L だけで決まり，糸が長いほど周期は長く，糸が短いほど周期は短い．振り子の周期がおもりの質量によらない理由は，おもりを運動させようとする重力の強さとおもりの運動を妨げようとする慣性の大きさの両方が質量に比例し，打ち消しあうからである．

振り子の振動の周期が振幅の大きさによらずに一定であることを振り子の**等時性**という．伝説によると，振り子の等時性はピサの大聖堂のランプがゆれるのを見ていたガリレオによって 1583 年に発見された．ピサ大学の学生であった 19 歳のガリレオは，大聖堂の天井から吊るしてある大きな青銅製のランプに寺男が点灯した際に，ランプがゆれるのをじっと見ていて，振幅がだんだん小さくなっていっても，ランプが往復する時間は一定であることに気付いたということである．

例題 2　糸の長さ $L = 1\,\mathrm{m}$ の単振り子の周期はいくらか．

解　(10.23) 式から

$$T = 2\pi\sqrt{\frac{L}{g}} = 2\pi\sqrt{\frac{1\,\mathrm{m}}{9.8\,\mathrm{m/s^2}}} = 2.0\,\mathrm{s}$$

例題 3　周期が 1 秒の単振り子の糸の長さは何 m か．

解　(10.23) 式から

$$L = \frac{gT^2}{4\pi^2} = \frac{(9.8\,\mathrm{m/s^2})\times(1\,\mathrm{s})^2}{4\pi^2} = 0.25\,\mathrm{m}$$

問 1　糸の長さ $L = 2\,\mathrm{m}$ の単振り子の周期はいくらか．

10.4 減衰振動と強制振動と共振

外部からエネルギーを補給しないと，摩擦や空気や液体の抵抗などによって，振り子の振動の振幅は徐々に小さくなっていく（図 10.6）．時間とともに振幅が減少する振動を**減衰振動**という．

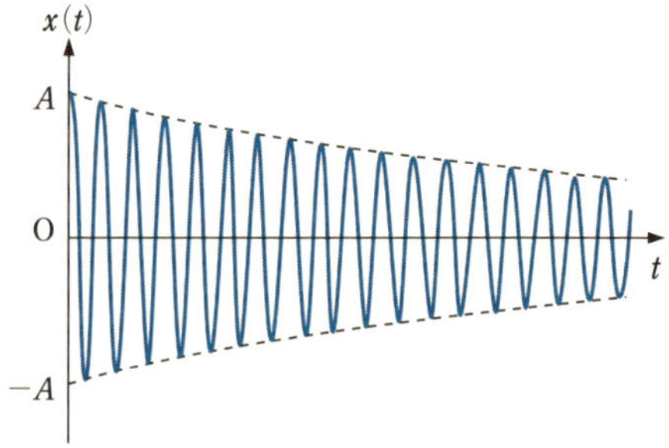

図 10.6　減衰振動

路面の凹凸で発生した自動車の振動は乗り心地を悪くするし，部品の摩耗を早めるので，振動を速く減衰させるための装置がついている．液体の粘性で振動を妨げると，振り子は振動せずに，徐々につり合いの位置に戻っていく場合がある．この場合には減衰振動とはいわず，単に減衰という．建物の入り口のドアには，開いているドアを閉めるばねがついていることが多い．この場合，ドアが枠にそっと接触するように，油を使った減速装置がついている．

振り子をいつまでも一定の振幅で振動させ続けるには，外部から一定の周期で振動する力を作用させて，エネルギーを補給しなければならない．振り子が一定の周期で振動する外力の作用で，外力と同じ周期で振動しているとき，この振動を**強制振動**という．振り子のような振動する物体には，物体に固有の振動数があり，外力の振動数が固有振動数と一致するときには，強制振動の振幅は大きくなる．これを**共振**あるいは**共鳴**という．

強制振動の例として，振り子の糸の上端を固定せずに，手で持って，水平方向に往復運動させる場合がある．振り子の固有振動数よりもはるかに小さな振動数で水平方向に振ると，おもりは手の動きに遅れて小さな振幅で振動する．手の往復運動の振動数を増加させるのにつれ，おもりの振幅は大きくなっていく．手の往復運動の振動数が振り子の固有振動数とほぼ同じときにおもりの振幅は最大になる．これは振り子と外力の共振である．手の振動数をさらに増加させると，おもりは手の動きと逆向きに動くようになっていき，おもりの振幅は小さくなっていく．

共振は日常生活でよく見かける現象である．たとえば，浅い容器に水を入れて運ぶ場合，水の固有振動と同じ足並みで歩くと水は大きくゆれ動くのは共振の例である．建物や橋などの建造物を設計する際には，外力と共振して壊れないように注意する必要がある．

演習問題 10

1. 図 10.1 のばね振り子のおもりは振幅が A の振動をしている．点 A, B, O の 3 つの点について，次の問に答えよ．

(1) おもりの加速度の大きさが最大の点はどこか．

(2) おもりに働く力（合力）が最大の点はどこか．

(3) おもりの力学的エネルギーが最大の点はどこか．

2. ばねに吊るした質量 2 kg のおもりの鉛直方向の振動の周期が 2 秒であった．ばね定数はいくらか

3. ばねに吊るしたおもりの鉛直方向の振動の周期が 3 秒であった．ばね定数は 6 N/m である．おもりの質量はいくらか．

4. 月の表面での重力加速度は，地球の表面での 0.17 倍である．同じばね振り子を月面上で振動させると，周期は変わるか．

5. 同じ単振り子を月の表面で振らすときの振動の周期を求めよ．

6. 子どもがブランコで遊んでいる．同じ身長の子どもがいっしょに乗る場合，振動の周期はどのように変化するだろうか．

図 1

7. ゴムを使ったパチンコで玉を飛ばす（図 1）．このとき，伸びたゴムの弾性力による位置エネルギーのすべてが玉の運動エネルギーに変わるとする．ゴムの伸びが 2 倍になるように引き伸ばすと弾性力による位置エネルギー $\frac{1}{2}kx^2$ は 4 倍になる．初速 v_0 は何倍になり，玉を真上に飛ばすと，最高点の高さ H は何倍になるか．水平方向に飛び出させると，何倍の距離まで届くか．

8. 一端が固定されて鉛直に吊るされているばね（ばね定数 k）の先に取り付けられている質量 m のおもりの位置 x について運動方程式 $ma=-kx$ が成り立つとき，次の問に答えよ．

(1) $x=0$ のときの加速度はいくらか．

(2) おもりが静止し続けているときの x の値はいくらか．

(3) この方程式の解はどのような振動を表すか．

9. 図 2 は単振動しているおもりの x-t グラフである．時刻 t_1 でのおもりの速度と加

速度はそれぞれ正か負かを述べよ．

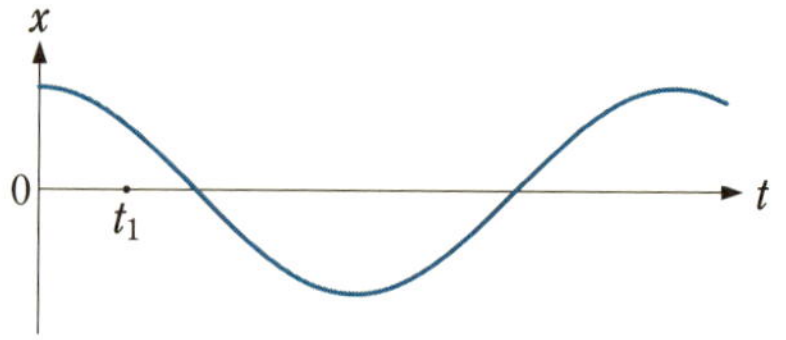

図 2

10. 2 つのばねの弾性力による位置エネルギーを図 3 に示す．a と b のどちらのばねが強いか．

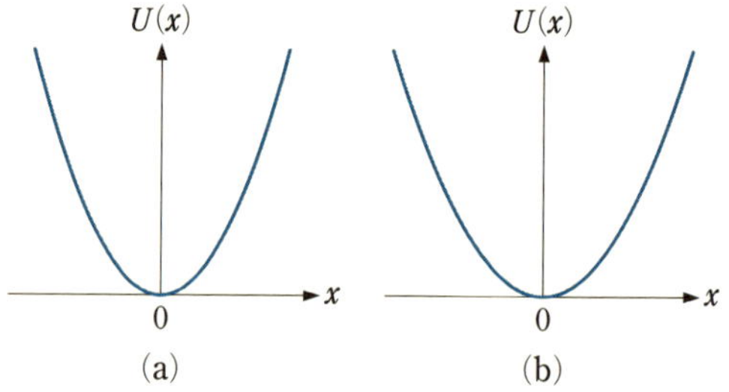

図 3

11. 1851 年にパリのパンテオンで，フーコーは長さが 67 m の振り子の振動を市民に公開した．この振り子の周期は何秒か．

付録

よくある質問

1. 国際単位系とは何ですか？

長さ，時間，質量，速度，力などの物理学で扱う量（物理量）は，5 m，3 s，8 kg，6 m/s，7 N のように，基準の大きさである単位と比較して測定され，「数値」×「単位」という形で表される．力学に現れる物理量の単位は，長さ，質量，時間の単位を決めれば，この3つからすべて定まる．

日本の計量法が基礎にしている国際単位系は，長さの単位として**メートル** [m]，質量の単位として**キログラム** [kg]，時間の単位として**秒** [s] をとり，それに電流の単位のアンペア [A]，温度の単位のケルビン [K]，光度の単位のカンデラ [cd]，および物質量の単位のモル [mol] を加えた7つの単位を**基本単位**にして他の物理量の単位を定めた単位系（単位の集まり）として構成されている．

基本単位以外の単位は，定義や物理法則を使って，**基本単位**から組み立てられ，**組立単位**とよばれる．たとえば，定義によって，「速さ」＝「距離」÷「時間」の国際単位は m÷s = m/s である．また，ニュートンの運動法則によって，「力」＝「質量」×「加速度」なので，力の国際単位は，質量の単位 kg に加速度の単位 m/s^2 を掛けた $kg \cdot m/s^2$ である．$kg \cdot m/s^2$ はよく出てくるので，ニュートンとよび，N という記号を使う．しかし，N は基本単位ではない．

表 A.1 本書で使用する固有の名称をもつ SI 組立単位

量	単位	単位記号	他の SI 単位による表し方	SI 基本単位による表し方
振動数	ヘルツ	Hz		s^{-1}
力	ニュートン	N		$m \cdot kg \cdot s^{-2}$
エネルギー，仕事	ジュール	J	N·m	$m^2 \cdot kg \cdot s^{-2}$
仕事率，パワー	ワット	W	J/s	$m^2 \cdot kg \cdot s^{-3}$

表A.1に本書で使用する固有の名称をもつSI組立単位を示す．

大きな量と小さな量の表し方（指数，接頭語）　取り扱っている現象に現れる物理量が，基本単位や組立単位に比べて，とても大きかったり，とても小さかったりする場合の表し方には，2通りある．

1つは，1 000 000を10^6，$0.000\,001 = \dfrac{1}{1000000} = \dfrac{1}{10^6}$を$10^{-6}$などのように10のべき乗を使って表す方法である．たとえば，地球の赤道半径6 378 000 mは6.378×10^6 mと表される．

もう1つの方法は，表紙の裏見返しに示す，国際単位系で指定された接頭語をつけた単位を使う方法である．特に重要な接頭語は，

千（10^3）を意味するk（キロ），　百万（10^6）を意味するM（メガ），
10億（10^9）を意味するG（ギガ），　千分の1（10^{-3}）を意味するm（ミリ），
百万分の1を意味するμ（マイクロ），10億分の1を意味するn（ナノ）

である．たとえば，

$1000\,\mathrm{m} = 1\,\mathrm{km}$，$10^6\,\mathrm{Hz} = 1\,\mathrm{MHz}$，$10^{-3}\,\mathrm{m} = 1\,\mathrm{mm}$，$10^{-9}\,\mathrm{m} = 1\,\mathrm{nm}$

などと表される．長さの単位にkmを使えば，6 378 000 mは6 378 kmと表される．

2. 物理学における次元とは何ですか？

単位と密接な関係がある概念に**次元**（ディメンション）がある．力学に現れるすべての物理量の単位は，長さの単位m，質量の単位kg，時間の単位sの3つで表せる．そこで，物理量Yの単位が$\mathrm{m}^a\,\mathrm{kg}^b\,\mathrm{s}^c$だとすると，物理量$Y$の**次元**$[Y]$は，$[\mathrm{L}^a\mathrm{M}^b\mathrm{T}^c]$であるという．Lはlength（長さ），Mはmass（質量），Tはtime（時間）の頭文字である．速度の次元は$[\mathrm{LT}^{-1}]$で力の次元は$[\mathrm{LMT}^{-2}]$である．

計算の途中や結果にでてくる式$A = B$の左辺Aと右辺Bの次元はつねに同じでなければならない．そこで，計算結果の式の両辺の次元が同じかどうかを調べることは，計算結果が正しいかどうかの1つのチェックになる．たとえば，体積を計算した結果の単位がm^2になり，速さの計算結果の単位がmになれば，どちらの計算にも誤りがある．

固有の名称をもつ組立単位が含まれている計算で，単位がわからなくなった場合は，表 A.1 の「SI 基本単位による表し方」の欄を使って計算を行えばよい．

次元が異なる 2 つの量を足し合わすことはできない．次元が同じ 2 つの量を足し合わすことはできるが，異なった単位で示された 2 つの量の足し算を行う場合には，換算して 2 つの量の単位に同じものを使う必要がある．たとえば，1.23 m＋10 cm ＝ 1.23 m＋0.10 m ＝ 1.33 m である．異なる次元の物理量の足し算や引き算はできないが，異なる次元の物理量の掛け算や割り算はできる．

3. $x=\frac{1}{2}at^2$ と $x(t)=\frac{1}{2}at^2$ は同じ式ですか，どこか違いますか？

変数 x は物体の位置を表す変数である．どのような状況での位置を表すかは，どのような式に出てくるかによって異なる．しかし，式を見ればその式に表れる変数 x がどのような状況での位置を表すかは明らかである．たとえば，$v_0 = 0$ で $x_0 = 0$ の等加速度直線運動での式，

$$x = \frac{1}{2}at^2 \tag{2.12}$$

に現れる x は，加速しはじめてから時間 t が経過したときの位置であり，

$$x = \frac{1}{2a}v^2 \tag{2.13}$$

に現れる x は，加速しはじめてから速度が v になったときの位置（変位）である．

さて，時刻 t での位置を表す $x(t)$ という表現を導入すると，平均速度の定義

$$\bar{v} = \frac{x(t_{\mathrm{A}}+\Delta t)-x(t_{\mathrm{A}})}{\Delta t} \tag{1.10}$$

などの運動に関する議論で便利である．そこで，(2.12) 式の左辺が時刻 t での位置であることを強調するために，$x(t)$ という表現を使って，

$$x(t) = \frac{1}{2}at^2$$

と書くことがある．したがって，この式と(2.12) 式は同じ式である．

4. 角の単位の rad はどのような単位ですか？　$\omega = 2\pi f$ の単位は何ですか？

角の国際単位のラジアン（記号 rad）は，後で示すように次元が［1］なので，特殊な単位である．さて，ある中心角に対する半径 1 の円の弧の長さが θ のとき，この中心角の大きさを θ rad と定義する．図 A.1 の 2 つの扇形の比例関係 $1:r = \theta:s$ から，半径 r，中心角 θ rad の扇形の弧の長さ s は

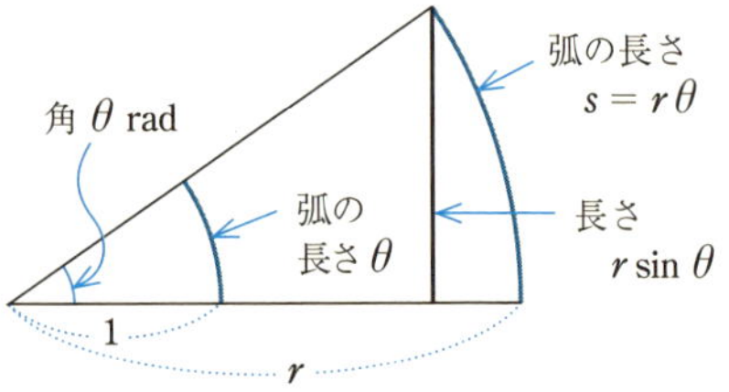

図 A.1　$s = r\theta$

$$s = r\theta \tag{A.1}$$

となる．中心角が 360° のときの半径 1 の円の弧の長さは円周 2π なので，360° $= 2\pi$ rad であり，したがって，1 rad は約 57.3° である．

$$1 \text{ rad} = \frac{360°}{2\pi} \fallingdotseq 57.3° \tag{A.2}$$

（A.1）式を変形した式 $\theta = \dfrac{s}{r}$ から角 θ の次元 $[\theta] = [1]$ であることがわかる．したがって，rad という単位記号は角をラジアンで表していることを思い出させる記号で，実質的には rad = 1 である．たとえば，半径 r，中心角 θ の扇形の弧の長さ s を（A.1）式を使って計算する場合には．角 θ の単位記号の rad を 1 だとして計算しなければならない．また，単位時間あたりの回転数 f の単位は s^{-1} であるが，角速度 ω の単位は rad/s である．この場合，$\omega = 2\pi f$ の単位としては，rad/s と s^{-1} のどちらか適切な方を使えばよい．

なお，角の単位に rad を選ぶと，角 θ が小さい場合には，$\sin\theta \fallingdotseq \theta$ である（図 A.1）．

いくつかの角での度とラジアンの換算表を表 A.2 に示す．

表 A.2　度とラジアン

度 (°)	0	30	45	≒ 57.3	60	90	120	135	150	180
rad	0	$\frac{\pi}{6}$	$\frac{\pi}{4}$	1	$\frac{\pi}{3}$	$\frac{\pi}{2}$	$\frac{2}{3}\pi$	$\frac{3}{4}\pi$	$\frac{5}{6}\pi$	π

5. 作用点がある力は平行移動できないが，力はベクトルですか？

数学の教科書には，「長さと向きが同じベクトルは互いに等しい」と書いてある．物理学の教科書には「力はベクトルである．力には大きさ（長さ）と向きと作用点がある」と書いてあり，大きさと向きが同じでも，作用線が異なると力の効果は異なる．したがって，力がベクトルだとすると，平行移動できる数学のベクトルの定義と矛盾しているのだろうか．

この疑問は．数式で表されている物理学の法則に現れる物理量を数学の規則通りに取り扱えばよいと理解することで解決する．たとえば，いくつかの力 $\boldsymbol{F}_1, \boldsymbol{F}_2, \cdots, \boldsymbol{F}_N$ が作用している広がった物体の重心に対するニュートンの運動方程式は

$$M\boldsymbol{A} = \boldsymbol{F}_1 + \boldsymbol{F}_2 + \cdots + \boldsymbol{F}_N \tag{7.17}$$

であるが，この式の右辺は $\boldsymbol{F}_1, \boldsymbol{F}_2, \cdots, \boldsymbol{F}_N$ を平行移動して，数学のベクトル和の規則によって $\boldsymbol{F}_1 + \boldsymbol{F}_2 + \cdots + \boldsymbol{F}_N$ を求めることを要求している．たとえば，図 A.2 のヨーヨーの重心の運動方程式

$$M\boldsymbol{A} = \boldsymbol{W} + \boldsymbol{S} \tag{A.3}$$

の右辺の力 $\boldsymbol{W}$ と $\boldsymbol{S}$ の和は，平行移動して計算する．したがって，重心は大きさが $W-S$ の力によって運動するので，ヨーヨーは自由落下に比べゆっくり落ちる．しかし，ヨーヨーは作用線の異なる力の $\boldsymbol{W}$ と $\boldsymbol{S}$ の作用によって回転するので，回転運動を考える場合には，$\boldsymbol{W}$ と $\boldsymbol{S}$ を平行移動することは許されない．

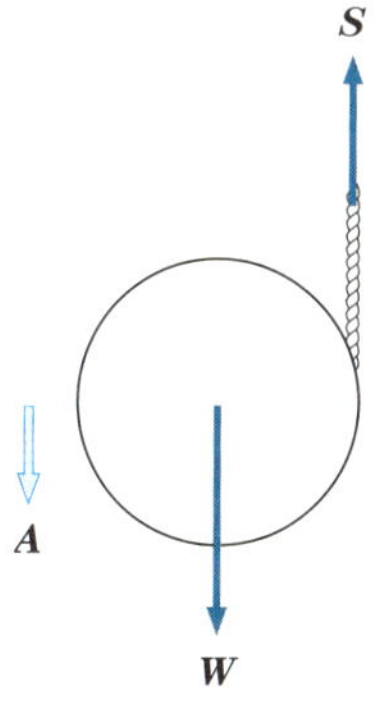

図 A.2

位置ベクトルは始点がつねに原点なので，位置ベクトルを平行移動したベクトルは無意味だが，変位

$$\Delta \boldsymbol{r} = \boldsymbol{r}_2 - \boldsymbol{r}_1 \tag{A.4}$$

の計算の場合には，数学のベクトルのスカラー倍とベクトルの和の規則を使って計算することを意味している．

6. 質量と重さは同じものですか？

「重い」という言葉は持ち上げるのに大きな力を必要とすることを意味し，「重さ」は持ち上げるのに必要な力の大きさ，つまり物体に働く重力の大きさを意味する．

それでは「質量」とは何だろうか．質量の測り方をヒントにしよう．質量の単位の 1 kg はキログラム原器の質量である．2 つの物体の質量が等しいとは，図 A.3 の上皿天秤にのせた場合につり合うということである．

図 A.3

地表で上皿天秤にのせたときつり合う 2 物体を，重力の強さが地表の 0.17 倍しかない月面上で上皿天秤にのせてもつり合う．したがって，地上で 1 kg の物体は月面上でも 1 kg である．つまり，物体の質量とは，物体に働く重力の大きさそのものではなく，同じ場所で 1 kg の分銅（国際キログラム原器）に働く重力の何倍かを表す量である．

これまでは，重力の作用を受ける能力の大小を表す量としての質量を考察してきた．このようにして測定される質量を重力質量という．これに対して，運動の第 2 法則 $m\boldsymbol{a} = \boldsymbol{F}$ に現れる質量は物体の運動状態の変化しにくさを表す量，つまり物体の慣性の度合いを表す量であり，慣性質量とよばれる．慣性質量を $m_{慣}$，重力質量を $m_{重}$ と表してみよう．

重力の強さは重力質量 $m_{重}$ に比例するので，自由落下運動の運動方程式は

$$m_{慣} \times 「自由落下の加速度」= 重力 = m_{重} \times 定数 \qquad (A.5)$$

となる．ところが，自由落下の加速度が物体によらず一定だという実験事実は，$\dfrac{m_{重}}{m_{慣}} = $ 一定を意味し，慣性質量と重力質量が同一のものであることを意味している．そこで，慣性質量とか重力質量とかいわず，質量という．

7. 仕事の原理とは何ですか？

てこや滑車や斜面のような道具を使って作業しようとする場合，力を小さくできるが，仕事量を少なくはできないという原理である．この原理が成り立たないとすると，外からエネルギーを加えなくても無限に仕事をすることができる機関である永久機関が可能になるので，物理学の基本法則としてのエネルギー保存則

から仕事の原理を導くことができる.

8. 角運動量とは何ですか？

直線運動と固定軸のまわりの回転運動には，$m \Longleftrightarrow I$，$v \Longleftrightarrow \omega$，$F \Longleftrightarrow N$ などの対応関係があるので，運動量 $p = mv$ に対応して，固定軸のまわりの剛体の回転運動の角運動量 L

$$L = I\omega \tag{A.6}$$

を導入する．直線運動の運動方程式 $F = ma = m\dfrac{\mathrm{d}v}{\mathrm{d}t}$ が $F = \dfrac{\mathrm{d}p}{\mathrm{d}t}$ と表されるように，固定軸のまわりの剛体の回転運動の法則 $N = I\alpha = I\dfrac{\mathrm{d}\omega}{\mathrm{d}t}$ は次のように表される．

$$\frac{\mathrm{d}L}{\mathrm{d}t} = N \tag{A.7}$$

(A.7) 式によれば，固定軸のまわりの力のモーメント N が 0 ならば，

$$L = I\omega = 一定 \tag{A.8}$$

である．

固定軸のまわりの力のモーメントが 0 ならば $L = I\omega =$ 一定という関係は，回転する物体が剛体でなく変形する物体で I が変化する場合にも成り立つ．

たとえば，爪先だって回転しているフィギュアスケーターに働く外力のモーメント N は 0 なので，スケーターの角運動量 $L = I\omega = (m_1{r_1}^2 + m_2{r_2}^2 + \cdots)\omega$ は一定である (r_i は質量 m_i の身体の部分 i の回転半径)．このスケーターが伸ばしていた両腕を縮めると，腕の部分の回転半径 r_i が減少するので $I = m_1{r_1}^2 + m_2{r_2}^2 + \cdots$ も減少し，その結果，角速度 ω が増加する．これがフィギュアスケートのスピンの物理学による説明である．

問・演習問題の解答

第1章

問1　1 km = 1000 m を 10 分（= 600 秒）〜20 分（= 1200 秒）で歩くと考えると，

$$\bar{v} = \frac{1000\ \mathrm{m}}{600\ \mathrm{s}} \sim \frac{1000\ \mathrm{m}}{1200\ \mathrm{s}} = (1.7 \sim 0.8)\ \mathrm{m/s}.$$

問2　$5\ \mathrm{m/s} = 5\times(3.6\ \mathrm{km/h}) = 18\ \mathrm{km/h}$，$10\ \mathrm{m/s} = 36\ \mathrm{km/h}$，$20\ \mathrm{m/s} = 72\ \mathrm{km/h}$，$30\ \mathrm{m/s} = 108\ \mathrm{km/h}$，$40\ \mathrm{m/s} = 144\ \mathrm{km/h}$.

問3　$(100\ \mathrm{km/h})\times(10\ \mathrm{s}) = \left(100\times\dfrac{1}{3.6}\ \mathrm{m/s}\right)\times(10\ \mathrm{s}) = 280\ \mathrm{m}.$

問4　(1)　$\Delta x = x_2 - x_1 = (-2\ \mathrm{m})-(2\ \mathrm{m}) = -4\ \mathrm{m}$.　(2)　4 m.

問5　自動車 A：$t < -2\ \mathrm{s}$ では $+x$ 方向に等速で走行し，$t = -2\ \mathrm{s}$ から $t = 0$ までは原点 O に停止し，$t = 0$ に再発進し，それから停止前と同じ速さで等速走行した．

自動車 B：$t < -2\ \mathrm{s}$ では自動車 A より 4 秒遅れて同じ速さで $+x$ 方向に等速で走行し続けた．$-2\ \mathrm{s} \leqq t$ でも同じ速度で走行し続け，原点 O で停止しなかったので，原点 O を通過後は自動車 A より 2 秒遅れで走行した．

問6　A が $-x$ 方向に歩いている場合，A の速さが B の速さより大きい場合には速度は $v_A < v_B$．たとえば $v_A = -4\ \mathrm{km/h}$，$v_B = 2\ \mathrm{km/h}$ あるいは $-2\ \mathrm{km/h}$.

問7　$x = -(2\ \mathrm{m/s})t + 1\ \mathrm{m}$，$v = -2\ \mathrm{m/s}$．$x$-$t$ グラフと v-t グラフは図 S.1 参照

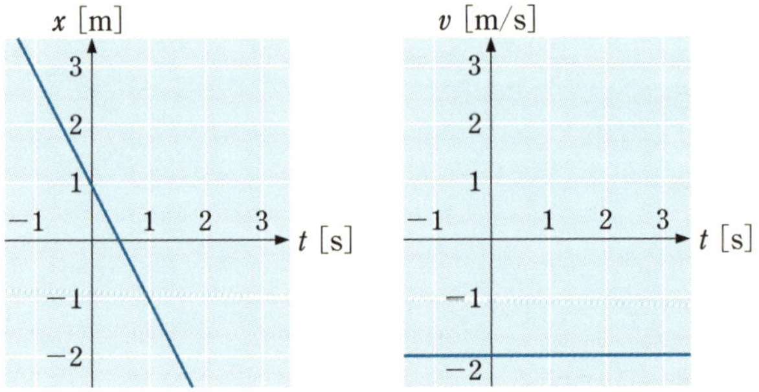

図 S.1

問8　石を鉛直上方に投げ上げた場合のように，はじめは $+x$ 方向に運動しているが，速さは徐々に減少し，速さが 0 になる点 B に対応する時刻に最高点に達し，それからは逆向きに運動し，速さは徐々に増加していく．

問9　(1)　$\dfrac{25\ \mathrm{km}}{15\ \mathrm{min}} = \dfrac{25\ \mathrm{km}}{0.25\ \mathrm{h}} = 100\ \mathrm{km/h}$　　(2)　0

(3)　$\dfrac{70\ \mathrm{km}}{1\ \mathrm{h}} = 70\ \mathrm{km/h}.$

問 10　(1)　$\dfrac{20\ \mathrm{m}}{2.0\ \mathrm{s}} = 10\ \mathrm{m/s}$　　(2)　$\dfrac{40\ \mathrm{m}}{2.0\ \mathrm{s}} = 20\ \mathrm{m/s}$

問 11　(1)　時刻 t_A から時刻 t_C までの平均速度 $\bar{v}$ は有向線分 $\overrightarrow{\mathrm{AC}}$ の勾配

(2)　v_C　　(3)　v_B　　(4)　v_C，v_A，$\bar{v}$，v_B

問 12　①　×($v_\mathrm{A} > v_\mathrm{B}$)　　②　○　　③　×(A は加速し続けているが，B は等速度運動)　　④　○(接線の勾配が等しい時刻に速度は等しい)　　⑤　×(A の加速度はつねに正，B の加速度はつねに 0)

演習問題 1

1.　m，s，m/s，$\mathrm{m/s^2}$

2.　$\dfrac{s}{t}$

3.　$\dfrac{\Delta v}{\Delta t}$

4.　$+x$ 方向に進む場合には，速度 = 速さ．$-x$ 方向に進む場合には，速度 = − 速さ < 0．速度は x-t グラフの勾配．速さは x-t グラフの傾き．傾きが大きいほど速い．右下がりなら速度は負．

5.　速度

6.　加速度

7.　$\dfrac{120\ \mathrm{km}}{60\ \mathrm{km/h}} - \dfrac{120\ \mathrm{km}}{90\ \mathrm{km/h}} = 2\ \mathrm{h} - \dfrac{4}{3}\ \mathrm{h} = \dfrac{2}{3}\ \mathrm{h} = 40\ \mathrm{min}$

8.　$50\ \mathrm{m/s} = 50 \times (3.6\ \mathrm{km/h}) = 180\ \mathrm{km/h}$，$100\ \mathrm{m/s} = 360\ \mathrm{km/h}$，$200\ \mathrm{m/s} = 720\ \mathrm{km/h}$.

9.　$\dfrac{552.6\ \mathrm{km}}{4.2\ \mathrm{h}} = 132\ \mathrm{km/h}$.　$132 \times \left(\dfrac{1}{3.6}\ \mathrm{m/s}\right) = 37\ \mathrm{m/s}$

10.　$50\ \mathrm{km/h} = \dfrac{50 \times (1000\ \mathrm{m})}{3600\ \mathrm{s}} = 13.9\ \mathrm{m/s}$，$(0.5\ \mathrm{s}) \times (13.9\ \mathrm{m/s}) = 6.9\ \mathrm{m}$

11.　(1)　$\dfrac{42\ \mathrm{km}}{2\ \mathrm{h}} = 21\ \mathrm{km/h}$

(2)　$\dfrac{42000\ \mathrm{m}}{5.0\ \mathrm{m/s}} = 8400\ \mathrm{s} = 140\ \mathrm{min} = 2\ \mathrm{h}\ 20\ \mathrm{min}$

12.　略

13.　$a = \dfrac{(18\ \mathrm{m/s}) - (0\ \mathrm{m/s})}{30\ \mathrm{s}} = 0.6\ \mathrm{m/s^2}$

14.　$t = \dfrac{v}{a} = \dfrac{55\ \mathrm{m/s}}{0.25\ \mathrm{m/s^2}} = 220\ \mathrm{s}$

15.　$a = \dfrac{\Delta v}{\Delta t} = \dfrac{3\ \mathrm{m/s}}{1\ \mathrm{s}} = 3\ \mathrm{m/s^2}$

16.　$\bar{a} = \dfrac{(-10\ \mathrm{m/s}) - (0\ \mathrm{m/s})}{10\ \mathrm{s}} = -1.0\ \mathrm{m/s^2}$

17.　自転車：$\bar{a} = \dfrac{(10\ \mathrm{m/s}) - (0\ \mathrm{m/s})}{5\ \mathrm{s}} = 2\ \mathrm{m/s^2}$

トラック：$\bar{a} = \dfrac{(40\ \mathrm{m/s}) - (30\ \mathrm{m/s})}{5\ \mathrm{s}} = 2\ \mathrm{m/s^2}$. 加速度は同じ.

18. $\bar{a} < 0$でも速さが増加する例：速度が10秒間で0 m/sから −10 m/sに変化する場合，$\bar{a} = \dfrac{(-10\ \mathrm{m/s}) - (0\ \mathrm{m/s})}{10\ \mathrm{s}} = -1\ \mathrm{m/s^2}$. $\bar{a} > 0$でも速さが減少する例：速度が10秒間で −10 m/sから0 m/sに変化する場合，

$\bar{a} = \dfrac{(0\ \mathrm{m/s}) - (-10\ \mathrm{m/s})}{10\ \mathrm{s}} = 1\ \mathrm{m/s^2}$

第2章

問1 $-b = -\dfrac{(30\ \mathrm{m/s})^2}{2 \times (100\ \mathrm{m})} = -4.5\ \mathrm{m/s^2}$

問2 10 m/s，20 m/s，30 m/s，40 m/s，；5 m，20 m，45 m，80 m

問3 $t = \sqrt{\dfrac{2x}{g}} = \sqrt{\dfrac{245\ \mathrm{m}}{9.8\ \mathrm{m/s^2}}} = \sqrt{25\ \mathrm{s^2}} = 5.0\ \mathrm{s}$

$v = gt = (9.8\ \mathrm{m/s^2}) \times (5\ \mathrm{s}) = 49\ \mathrm{m/s}$

問4 いちばん下の球のデータから $g = \dfrac{2x}{t^2} = \dfrac{2 \times (0.65\ \mathrm{m})}{(11\ \mathrm{s}/30)^2} = 9.7\ \mathrm{m/s^2}$. その上の球のデータから $g = \dfrac{2x}{t^2} = \dfrac{2 \times (0.54\ \mathrm{m})}{(10\ \mathrm{s}/30)^2} = 9.7\ \mathrm{m/s^2}$.

問5 36 km/h = 10 m/s. $vt = (10\ \mathrm{m/s}) \times (0.18\ \mathrm{s}) = 1.8\ \mathrm{m}$.

問6 $0 < t < t_1$では$v > 0$なので上向きの運動で速さは減少していく．$t = t_1$では$v = 0$なので速さは0. $t_1 < t$では$v < 0$なので下向の運動で速さは増加していく．

問7 $H = \dfrac{{v_0}^2}{2g} = \dfrac{(20\ \mathrm{m/s})^2}{2 \times (10\ \mathrm{m/s^2})} = 20\ \mathrm{m}$，$t_2 = \dfrac{2v_0}{g} = \dfrac{2 \times (20\ \mathrm{m/s})}{10\ \mathrm{m/s^2}} = 4\ \mathrm{s}$.

問8 (1) $t_1 = \dfrac{v_0}{g}$なので，2倍　(2) $H = \dfrac{{v_0}^2}{2g}$なので，4倍

(3) $\sqrt{2}$倍

問9 (1) A　(2) B　(3) C

演習問題2

1. ③式 $2ax = v^2$から導かれる $x = \dfrac{v^2}{2a}$

2. ②式 $2bx = {v_0}^2$から導かれる $-b = -\dfrac{{v_0}^2}{2x}$.

$-b = -\dfrac{(20\ \mathrm{m/s})^2}{2 \times (100\ \mathrm{m})} = -2\ \mathrm{m/s^2}$.

3. (1) $3^2 = 9$倍　(2) $\sqrt{4} = 2$倍.

4. $\bar{v} = \dfrac{x}{t} = \dfrac{1}{2}gt$.

5. $t = \sqrt{\dfrac{2x}{g}} = \sqrt{\dfrac{2\times(78.4\,\mathrm{m})}{9.8\,\mathrm{m/s^2}}} = \sqrt{16\,\mathrm{s}^2} = 4.0\,\mathrm{s}.$

$v = gt = (9.8\,\mathrm{m/s^2})\times(4\,\mathrm{s}) = 39.2\,\mathrm{m/s}.$

6. (1)　$v = gt = (9.8\,\mathrm{m/s^2})\times(3.0\,\mathrm{s}) = 29.4\,\mathrm{m/s}$

(2)　$x = \dfrac{1}{2}\times(9.8\,\mathrm{m/s^2})\times(3.0\,\mathrm{s})^2 = 44.1\,\mathrm{m/s}$

(3)　$\dfrac{44.1\,\mathrm{m}}{3.0\,\mathrm{s}} = 14.7\,\mathrm{m/s}$

7. $t = \dfrac{v}{a} = \dfrac{55\,\mathrm{m/s}}{0.25\,\mathrm{m/s^2}} = 220\,\mathrm{s},$　　$x = \dfrac{1}{2}at^2 = \dfrac{1}{2}vt = \dfrac{1}{2}(55\,\mathrm{m/s})\times(220\,\mathrm{s})$

$= 6050\,\mathrm{m}$

8. 加速度は $\dfrac{0-(80\,\mathrm{m/s})}{50\,\mathrm{s}} = -1.6\,\mathrm{m/s^2}$.（2.16）式から

$x = \dfrac{1}{2}v_0t_1 = \dfrac{1}{2}(80\,\mathrm{m/s})\times(50\,\mathrm{s}) = 2000\,\mathrm{m}.$

9. $100\,\mathrm{km/h} = 100\times\dfrac{1}{3.6}\,\mathrm{m/s} = 27.8\,\mathrm{m/s}$.（2.16）式から

$x = \dfrac{{v_0}^2}{2b} = \dfrac{(27.8\,\mathrm{m/s})^2}{2\times(7\,\mathrm{m/s^2})} = 55\,\mathrm{m}.$

10. $v_0 = 210\,\mathrm{km/h} = 210\times\dfrac{1}{3.6}\,\mathrm{m/s} = 58\,\mathrm{m/s}$.（2.16）式から

$t_1 = \dfrac{2x}{v_0} = \dfrac{2\times(2500\,\mathrm{m})}{58\,\mathrm{m/s}} = 86\,\mathrm{s} = 1\,\mathrm{min}\,26\,\mathrm{s}.$

11. (1)　0　　(2)　$-g = -9.8\,\mathrm{m/s^2}$

12. 落下時間は同じ.

13. $H = \dfrac{{v_0}^2}{2g}$ なので，$v_0 = \sqrt{2gH} = \sqrt{2\times(9.8\,\mathrm{m/s^2})\times(0.5\,\mathrm{m})} = 3.1\,\mathrm{m/s}.$

14. $t = 2\sqrt{\dfrac{2x}{g}} = 2\sqrt{\dfrac{2\times(1\,\mathrm{m})}{9.8\,\mathrm{m/s^2}}} = 0.90\,\mathrm{s}.$

15. ③　$(v = v_0 - gt)$

16. $x = (20\,\mathrm{m/s})t-(5\,\mathrm{m/s^2})t^2 = 15\,\mathrm{m}$ から $t^2-(4\,\mathrm{s})t+3\,\mathrm{s}^2 = (t-1\,\mathrm{s})(t-3\,\mathrm{s}) = 0.$
$\therefore$　$t = 1\,\mathrm{s},\ 3\,\mathrm{s}.$
$v = (20\,\mathrm{m/s})-(10\,\mathrm{m/s^2})t$ から，$t = 1\,\mathrm{s}$ のとき $v = 10\,\mathrm{m/s}$，$t = 3\,\mathrm{s}$ のとき $v = -10\,\mathrm{m/s}.$

17. (1)　図 S.2 参照.（2）　$\dfrac{12.5\,\mathrm{m/s}}{16\,\mathrm{s}} = 0.78\,\mathrm{m/s^2}$，0，$-0.78\,\mathrm{m/s^2}$

(3)　$\bar{v}t$ の和を計算すると．$\dfrac{1}{2}\times(12.5\,\mathrm{m/s})\times(16\,\mathrm{s}) + (12.5\,\mathrm{m/s})\times(6\,\mathrm{s}) + \dfrac{1}{2}\times(12.5\,\mathrm{m/s})\times(16\,\mathrm{s}) = 275\,\mathrm{m}$

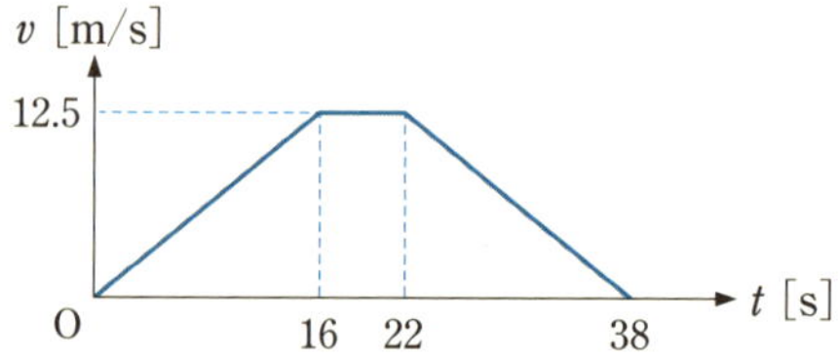

図 S.2

第 3 章

問 1　図 S.3 参照.

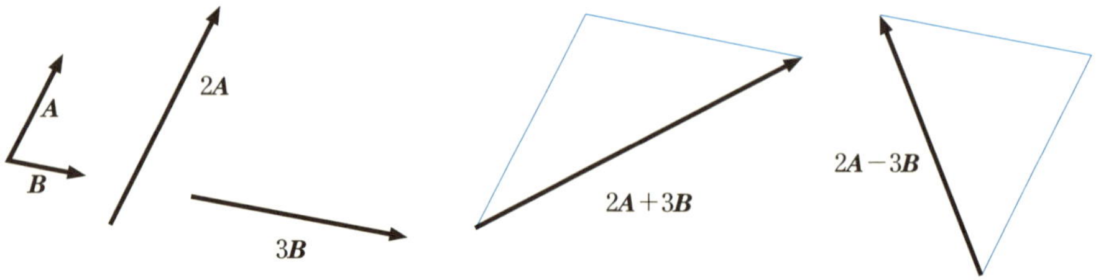

図 S.3

問 2　(1)　図 S.4 参照　　(2)　$|\bar{\boldsymbol{v}}| = \dfrac{20\ \mathrm{m}}{6\ \mathrm{s}} = 3.3\ \mathrm{m/s}$　　(3)　0 m/s

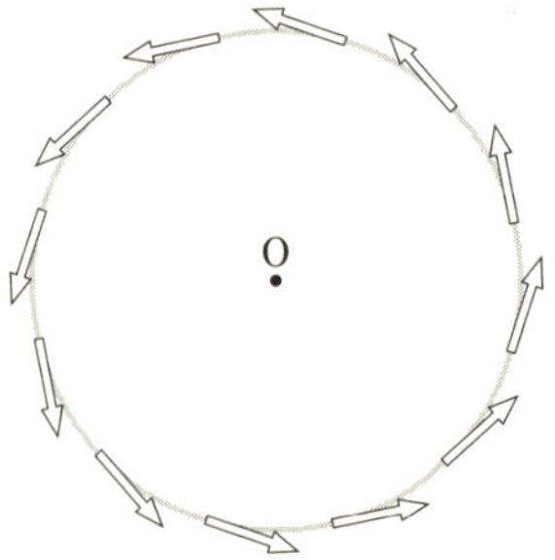

図 S.4

演習問題 3

1.　$\boldsymbol{A}+\boldsymbol{B} = (\sqrt{3}, 3)$，図 S.5 参照.　　(2)　$\boldsymbol{A}-\boldsymbol{B} = (3\sqrt{3}, 1)$，図 S.5 参照

2. 図 S.6 参照

3. 図 S.7 参照

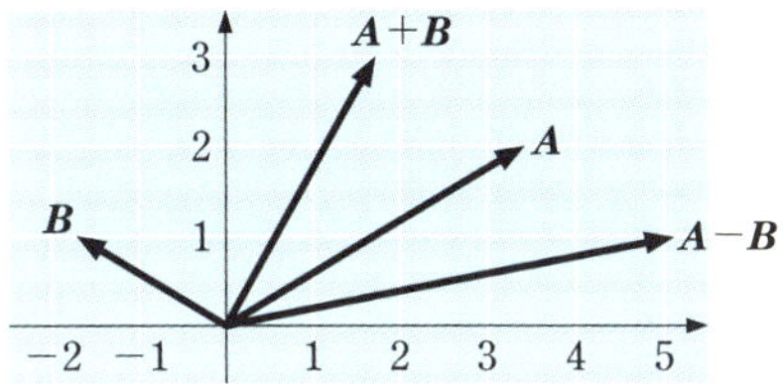

図 S.5

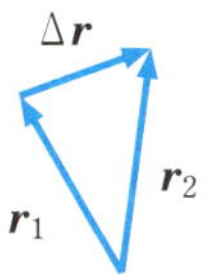

図 S.6

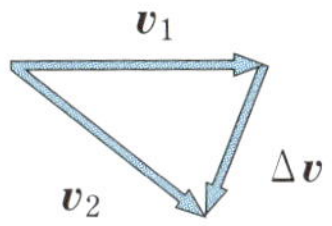

図 S.7

4. 左側の直角三角形の 3 辺の比は，5：12：13，右側の直角三角形の 3 辺の比は，3：4：5，ベクトルの和の水平方向成分は $(200\ \mathrm{N})\times\frac{4}{5}-(260\ \mathrm{N})\times\frac{5}{13}=60\ \mathrm{N}$（右向き），ベクトルの和の鉛直方向成分は $(200\ \mathrm{N})\times\frac{3}{5}+(260\ \mathrm{N})\times\frac{12}{13}-(150\ \mathrm{N})=210\ \mathrm{N}$（上向き）.

5. (1)　$\boldsymbol{A}$ と $\boldsymbol{B}$ が同じ向きで，$\phi=0°$ のとき．$C=7$.

(2)　$\boldsymbol{A}$ と $\boldsymbol{B}$ が反対向きで，$\phi=180°$ のとき．$C=1$.

(3)　$C=\sqrt{3^2+4^2}=5$

6. $\boldsymbol{A}=(A\cos\alpha,\ -A\sin\alpha)$，$\boldsymbol{B}=(-B\sin\beta,\ -B\cos\beta)$.

7. ベクトル $\boldsymbol{A}-\boldsymbol{B}$ は南東の方向を向き，大きさは $\sqrt{2}|\boldsymbol{A}|$．図 S.8 参照.

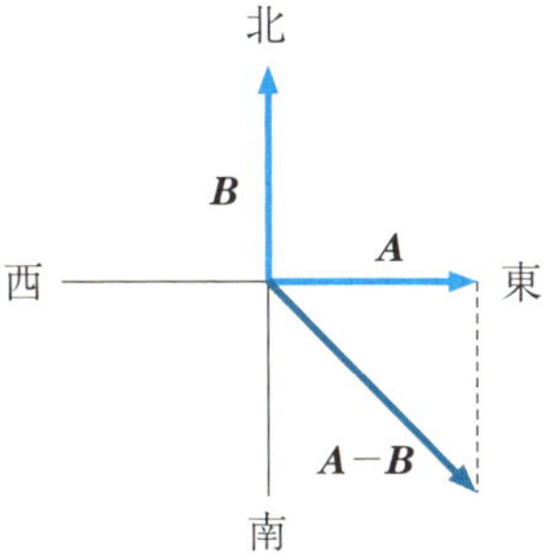

図 S.8

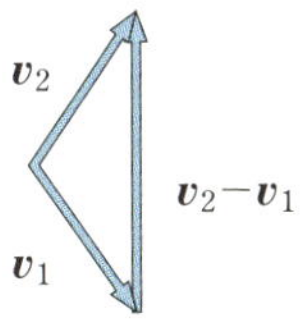

図 S.9

8. 上向き．図 S.9 参照.

9. $|\boldsymbol{A}+\boldsymbol{B}|$ が最小になるのは，$\boldsymbol{A}$ と $\boldsymbol{B}$ が反対向きのときなので，$|\boldsymbol{A}+\boldsymbol{B}|\geqq||\boldsymbol{A}|-|\boldsymbol{B}||>0$　∴　ありえない.

10. $\boldsymbol{A}+\boldsymbol{B}+\boldsymbol{C}$ を作図すると，正三角形の 3 辺をなす．図 S.10 参照.

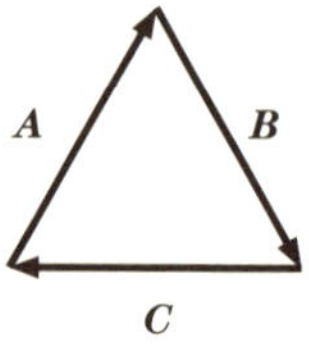

図 S.10

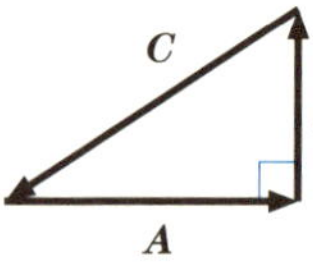

図 S.11

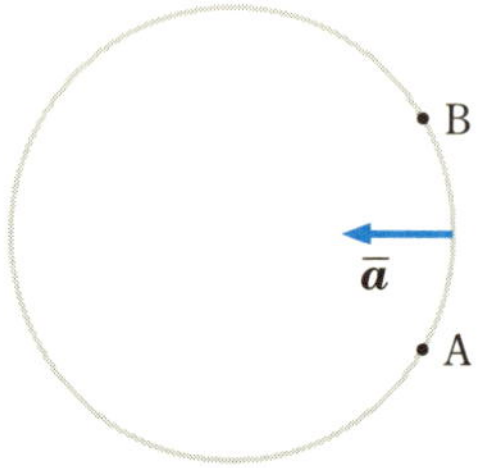

図 S.12

11. $\boldsymbol{A}+\boldsymbol{B}+\boldsymbol{C}$ を作図すると，$\boldsymbol{C}$ を斜辺とする直角三角形の 3 辺をなすので，ピタゴラスの定理（三平方の定理）によって，$|\boldsymbol{C}|^2 = |\boldsymbol{A}|^2 + |\boldsymbol{B}|^2$．図 S.11 参照．

12. 左向き．図 S.12 参照．

13. (1) 最高点の高さが同じなので，同じ．

(2) 最高点の高さが同じなので，同じ．

(3) 同じ飛行時間に遠くまで届くので，a → b → c の順に大きくなる．

(4) a → b → c の順に大きくなる（鉛直方向成分の大きさが同じなので，水平方向成分が大きいほど初速度は大きい．）

14. 水平投射の軌道は，(3.34) 式で $\theta_0 = 0$ とおいた式，$y = -\dfrac{g}{2{v_0}^2}x^2$．ただし，出発を原点とし，水平右向きを $+x$ 方向，鉛直上向きを $+y$ 方向とした．

15. $R = \dfrac{{v_0}^2 \sin 2\theta_0}{g} = \dfrac{(20\ \mathrm{m/s})^2 \sin 120^\circ}{9.8\ \mathrm{m/s^2}} = 35\ \mathrm{m}$.

16. $\boldsymbol{v}_1 = (-50\ \mathrm{m/s},\ 0\ \mathrm{m/s})$，$\boldsymbol{v}_2 = (0\ \mathrm{m/s},\ 50\ \mathrm{m/s})$，
$\boldsymbol{v}_{12} = \boldsymbol{v}_1 - \boldsymbol{v}_2 = (-50\ \mathrm{m/s},\ 0\ \mathrm{m/s}) - (0\ \mathrm{m/s},\ 50\ \mathrm{m/s}) = (-50\ \mathrm{m/s},\ -50\ \mathrm{m/s})$.

17. $\boldsymbol{v}_\mathrm{A} = (-0.75\sqrt{2}\ \mathrm{m/s},\ 0.75\sqrt{2}\ \mathrm{m/s})$，$\boldsymbol{v}_\mathrm{B} = (-0.75\sqrt{2}\ \mathrm{m/s},\ -0.75\sqrt{2}\ \mathrm{m/s})$，
$\boldsymbol{v}_\mathrm{BA} = \boldsymbol{v}_\mathrm{B} - \boldsymbol{v}_\mathrm{A} = (0,\ -1.5\sqrt{2}\ \mathrm{m/s})$.

18. 図 3.17 の水平投射された球（包み）の水平方向の速度は初速度（= 飛行機の速度）なので，水平に等速直線運動している飛行機は包みの真上にある．したがって，飛行機から見て包みは真下にある．

第 4 章

問 1 (a) $2F\cos 30^\circ = \sqrt{3}F$　(b) $2F\cos 45^\circ = \sqrt{2}F$　(c) $2F\cos 60^\circ = F$

問 2 $\boldsymbol{W}+\boldsymbol{F} = \boldsymbol{0}$

問 3 カードが硬貨に作用する摩擦力によって生じる硬貨の加速度は，カードの加速度

より小さいので，カードの動きについていけない硬貨はカードの上で滑り，コップの中に落ちる．

問 4　車内で観察すると，ボールは進行方向の逆方向に転がっていく．プラットホームで観察すると，ボールは進行方向に対して反対側の壁に衝突するまでは，プラットホームに対してほぼ同じ位置にある．

問 5　作用反作用の法則は 2 つの物体が互いに作用し合う力に関する法則である．力のつり合いは，1 つの物体に作用する複数の力の関係である．

問 6　例題 1 の最大摩擦力 $F_{\max} = \mu N$ を動摩擦力 $\mu' N$ で置き換えればよいので，

$$F = \frac{0.4W}{\sqrt{3}+0.20} = 0.207\times 60\times(9.8\ \mathrm{N}) = 122\ \mathrm{N}$$

問 7　①　×($F<\mu mg$)　　②　○　　③　○　　④　○

⑤　×($\mu mg > F > \mu' mg$) なら加速しない．

問 8　動かない．自動車と乗客を 1 つの物体と考えてみよ．

演習問題 4

1.　体積

2.　一直線になると荷物に重力につり合う力を作用できない．

3.　9000 N

4.　合力は $\mathbf{0}$

5.　合力は $\mathbf{0}$

6.　$\boldsymbol{a} = \dfrac{\boldsymbol{F}}{m}$ = 一定なので，力の方向の等加速度直線運動

7.　合力

8.　動摩擦力が働くから．

9.　$F = ma = (20\ \mathrm{kg})\times(5\ \mathrm{m/s^2}) = 100\ \mathrm{N}$.

10.　$a = \dfrac{F}{m} = \dfrac{12\ \mathrm{N}}{2\ \mathrm{kg}} = 6\ \mathrm{m/s^2}$.

11.　$a = \dfrac{0-(30\ \mathrm{m/s})}{6\ \mathrm{s}} = -5\ \mathrm{m/s^2}$.　$F = (20\ \mathrm{kg})\times(-5\ \mathrm{m/s^2}) = -100\ \mathrm{N}$ (運動の逆向きに 100 N).

12.　$a = \dfrac{(30\ \mathrm{m/s})-(20\ \mathrm{m/s})}{5\ \mathrm{s}} = 2\ \mathrm{m/s^2}$

$F = ma = (1000\ \mathrm{kg})\times(2\ \mathrm{m/s^2}) = 2000\ \mathrm{N}$

13.　トレーラーの運動方程式は $F = ma = (500\ \mathrm{kg})\times(1\ \mathrm{m/s^2}) = 500\ \mathrm{N}$.　自動車がトレーラーを引く力 $F = 500\ \mathrm{N}$.　作用反作用の法則でトレーラーが自動車を引く力も 500 N.

14.　$a = \dfrac{F}{m} = \dfrac{20\ \mathrm{N}}{2\ \mathrm{kg}} = 10\ \mathrm{m/s^2}$，$v = at = (10\ \mathrm{m/s^2})\times(3\ \mathrm{s}) = 30\ \mathrm{m/s}$.

15.　重力加速度

16.　この力は質量 2 kg の金属球に作用する重力 $mg = (2\ \mathrm{kg})\times(9.8\ \mathrm{m/s^2}) = 19.6\ \mathrm{N}$

につり合うので，19.6 N.

17. (1) **0**（本は静止している）　(2) mg（本は静止しているので，机が本を押す力は，下向きで大きさが mg の重力とつり合う，上向きで大きさが mg の力）(3) mg（作用反作用の法則により，本が机を押す力の大きさは机が本を押す力の大きさに等しい）.

18. 静止摩擦力は働いていない（本に作用する力の水平方向成分は0）.

19. $(M+m)a = T-(M+m)g$. $a = \dfrac{T}{M+m}-g$

20. おもりは切れたときの速度を初速度とする放物運動を行う．点Cでは，速度は水平左向き方向を向いているので，おもりは水平投射運動を行う．点Eではおもりの速さは0なので．点Eで糸が切れたらおもりは自由落下運動を行う.

21. ②（加速度 $\boldsymbol{a} = \boldsymbol{0}$ なので，$m\boldsymbol{a} = \boldsymbol{W}+\boldsymbol{N} = \boldsymbol{0}$）

22. ②（等速直線運動なので $ma = T-mg = 0$）

23. 減速している場合には，$ma = T-mg < 0$ なので，$T < mg$.

24. 押す力と摩擦力はつり合っているので，摩擦力の大きさは F. 一般に $F < \mu mg$ である.

25. 質量が m の棒が加速度 a で加速されていれば，$ma = F_{棒\leftarrow A}-F_{棒\leftarrow B} > 0$ なので，$F_{棒\leftarrow A} > F_{棒\leftarrow B}$.

26. 作用反作用の法則によって，大きさは同じ.

27. オールが水を後ろ向きに押すと，水はオールを前向きに押すので，ボートは前進する.

28. 「大人の足に地面が作用する摩擦力の大きさ」>「大人が子どもを押す力の大きさ」=「子どもが大人を押す力の大きさ」>「子どもの足に地面が作用する摩擦力の大きさ」であることに注意して，図示せよ（図S.13参照）.

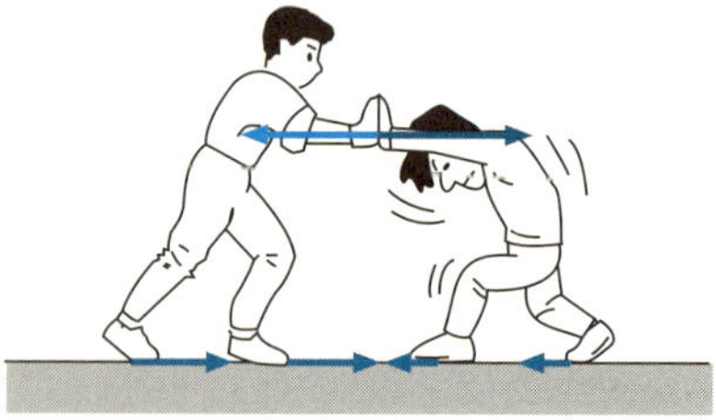

図 S.13

29. (1) 右方（進行方向）　(2) $ma = F\cos\theta-F_{動摩擦}$
(3) $N+F\sin\theta-W = 0$　(4) $W = N+F\sin\theta > \mathrm{N}$

30. (a)の方．(a)では $a = \dfrac{F}{m} = \dfrac{0.98\,\mathrm{N}}{0.4\,\mathrm{kg}} = 2.5\,\mathrm{m/s^2}$.

(b)では $a = \dfrac{0.98\,\mathrm{N}}{(0.4+0.1)\,\mathrm{kg}} = 2.0\,\mathrm{m/s^2}$.

31. $a = \dfrac{m_A g}{m_A + m_B}$, $S = m_B a = \dfrac{m_A m_B}{m_A + m_B} g < m_A g$. m_B が大きくなると，S は増加して $m_A g$ に近づく.

32. 乗客がロープを引く力の2倍が，重力より大きければ上昇，小さければ下降.

第5章

問1 (1) 半径が最小の 3→4 の部分　(2) 等速直線運動なので加速度が0の 2→3，4→1 の部分.

問2 図 S.14 を参照.

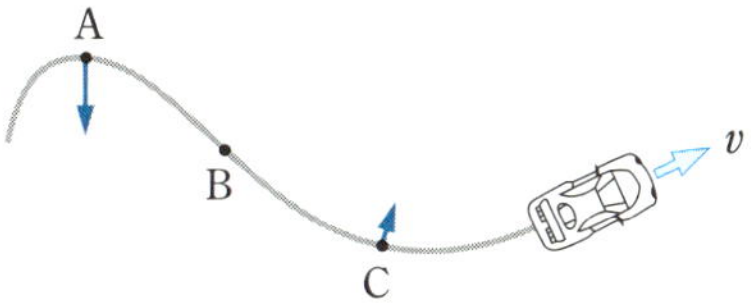

図 S.14

問3 乗客に座席が作用する横向きの力.

問4 手がバケツに作用する力を $\boldsymbol{F}$，重力を $\boldsymbol{W}$ とすると，水の入っているバケツの運動方程式は $m\boldsymbol{a} = \boldsymbol{F} + \boldsymbol{W}$. ∴ $\boldsymbol{F} = m\boldsymbol{a} - \boldsymbol{W}$. 重力 $\boldsymbol{W}$ は向きも大きさも一定である. 向心加速度 $\boldsymbol{a}$ は大きさは一定だが向きは変化する. したがって，手がバケツに作用する力 $\boldsymbol{F}$ の大きさ F は一定ではない. 最大になるのは，$m\boldsymbol{a}$ と $-\boldsymbol{W}$ が同じ向きになる「下」の位置で，このとき $F = m\dfrac{v^2}{r} + mg$.

問5 (1) 万有引力は距離 r の2乗に反比例するので，$\dfrac{1}{2^2} = \dfrac{1}{4}$ 倍.

(2) 作用反作用の法則によって，同じ大きさである.

問6 $m\dfrac{v^2}{r} = \dfrac{mgR_E{}^2}{r^2}$ と $vT = 2\pi r$ から，$\dfrac{r^3}{T^2} = \dfrac{gR_E{}^2}{4\pi^2} =$ 一定

∴ $r^3 \propto T^2$

演習問題5

1. ×(等速円運動では加速度は円の中心を向く)

2. 自動車の鉛直方向の運動方程式は，$m\dfrac{v^2}{r} = mg - N$ なので，

$mg = m\dfrac{v^2}{r} + N > N$.

3. $g = \dfrac{v^2}{r}$. $v = \sqrt{rg} = \sqrt{(1\,\mathrm{m})\times(9.8\,\mathrm{m/s^2})} = 3.1\,\mathrm{m/s}$

4. ウ．最低点でのおもりの運動方程式は，$m\dfrac{v^2}{r} = S - mg$ なので，

$$S = m\frac{v^2}{r} + mg > mg$$

5. 最高点でのおもりの速さは 0 なので，おもりの水平方向の加速度は 0．おもりに働く水平方向の力は 0 なので，糸の張力は 0．

6. 図 S.15 参照．

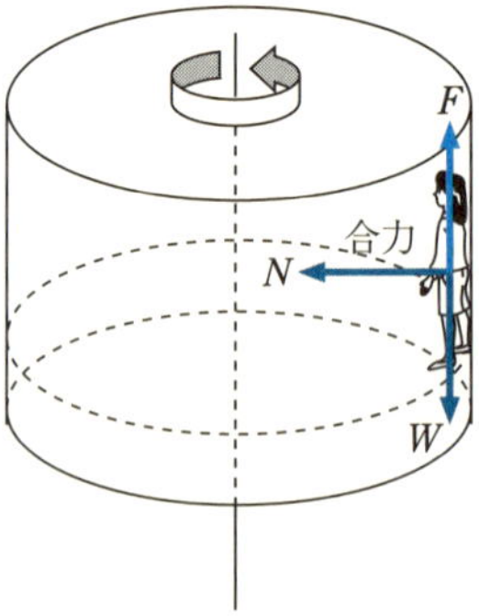

図 S.15

7. 向心力 $m(2\pi f)^2 r$ が最大摩擦力 $\mu N = \mu mg$ の場合なので，

$$f = \frac{1}{2\pi}\sqrt{\frac{\mu g}{r}} = \frac{1}{2\pi}\sqrt{\frac{0.2\times(9.8\,\mathrm{m/s^2})}{0.5\,\mathrm{m}}} = 0.32\,\mathrm{s^{-1}}$$

8. $f = \dfrac{150}{60\,\mathrm{s}} = 2.5\,\mathrm{s^{-1}}$.

$$v = 2\pi rf = 2\pi\times(0.3\,\mathrm{m})\times(2.5\,\mathrm{s^{-1}}) = 1.5\pi\,\mathrm{m/s} = 4.71\,\mathrm{m/s}$$

9. 角速度 $\omega = \dfrac{2\pi}{24\times60\times(60\,\mathrm{s})} = 7.27\times10^{-5}\,\mathrm{s^{-1}}$，向心加速度 $a = r\omega^2$ を使うと，「質量」×「向心加速度」＝「万有引力」という運動方程式から

$$m(R_\mathrm{E}+h)\omega^2 = \frac{Gmm_\mathrm{E}}{(R_\mathrm{E}+h)^2} = \frac{gmR_\mathrm{E}{}^2}{(R_\mathrm{E}+h)^2}$$

$$h = \left(\frac{gR_\mathrm{E}{}^2}{\omega^2}\right)^{1/3} - R_\mathrm{E} = \left\{\frac{(9.8\,\mathrm{m/s^2})\times(6.4\times10^6\,\mathrm{m})^2}{(7.3\times10^{-5}\,\mathrm{s^{-1}})^2}\right\}^{1/3} - 6.4\times10^6\,\mathrm{m}$$

$$= (4.2\times10^7\,\mathrm{m}) - (0.64\times10^7\,\mathrm{m}) = 3.6\times10^7\,\mathrm{m} = 3.6\times10^4\,\mathrm{km}.$$

第6章

問1 ②($v=\sqrt{2gh}=\sqrt{2\times(9.8\ \mathrm{m/s^2})\times(1\ \mathrm{m})}=4.4\ \mathrm{m/s}$)

問2 到達できない(問1の結果と比べると丘の下での速さが不足)

演習問題6

1. (1) $W=mgh=(80\ \mathrm{kg})\times(9.8\ \mathrm{m/s^2})\times(20\ \mathrm{m})=1568\ \mathrm{N}$

(2) 力の方向と移動方向が垂直なので，$W=0\ \mathrm{J}$

(3) 力の方向と移動方向が逆なので，$W=-mgh=-1568\ \mathrm{N}$

2. 力の方向と木片の移動方向が垂直なので，0 J

3. (1) $W=mgh=(2\ \mathrm{kg})\times(9.8\ \mathrm{m/s^2})\times(1\ \mathrm{m})=19.6\ \mathrm{N}$

(2) $W=-mgh=-19.6\ \mathrm{N}$　(3) 0 J

(4) 1秒間にする仕事は $W=mgh=(2\ \mathrm{kg})\times(9.8\ \mathrm{m/s^2})\times(3\ \mathrm{m})=58.8\ \mathrm{J}$ なので，$P=\dfrac{58.8\ \mathrm{J}}{1\ \mathrm{s}}=58.8\ \mathrm{W}$.

4. 2 kg の物体をもって2階から1階に行くときの仕事と同じ．手の力の方向への移動距離は $-3\ \mathrm{m}$ なので，$W=(2\ \mathrm{kg})\times(9.8\ \mathrm{m/s^2})\times(-3\ \mathrm{m})=-58.8\ \mathrm{J}$

5. (1) 0　(2) 負　(3) 重力のした仕事と空気の抵抗力のした仕事の和なので負．

6. $P_\mathrm{A}=\dfrac{mgh}{t}$，$P_\mathrm{B}=\dfrac{(2m)\times g\times(2h)}{t}=4P_\mathrm{A}$，$P_\mathrm{C}=\dfrac{mg(2h)}{2t}=P_\mathrm{A}$

7. $1\ 馬力=\dfrac{(75\ \mathrm{kg})\times(9.80665\ \mathrm{m/s^2})\times(1\ \mathrm{m})}{1\ \mathrm{s}}=735.5\ \mathrm{W}$

8. ヒントの中の $\dfrac{s}{t}=v$ に気づけば導かれる．

9. $P=mgv=(50\ \mathrm{kg})\times(9.8\ \mathrm{m/s^2})\times(2\ \mathrm{m/s})=980\ \mathrm{W}$

10. $P\geqq mgv=(1000\ \mathrm{kg})\times(9.8\ \mathrm{m/s^2})\times\dfrac{10\ \mathrm{m}}{60\ \mathrm{s}}=1633\ \mathrm{W}$

11. 仕事と運動エネルギーの関係から0.

12. 4 kg の鉄球の運動エネルギーは2 kg の鉄球の運動エネルギーの2倍(2つの鉄球の落下速度は同じなので，運動エネルギーは質量に比例する)．

13. 仕事と運動エネルギーの関係によって，摩擦力のした仕事は $-\dfrac{1}{2}mv^2$

14. 力学的エネルギー保存則から，速さは同じ．

15. b. 点Aでの力学的エネルギーは重力による位置エネルギーだけであるが，空中の最高点での力学的エネルギーは，水平方向の速度による運動エネルギーと重力による位置エネルギーの和である．したがって，空中の最高点は点Aより低い．

16. $mgL=\dfrac{1}{2}mv^2$．$S=mg+\dfrac{mv^2}{L}=3mg$

17. 2点A, Bの高さは等しいので，$0.5+0.5\cos\theta = \dfrac{\sqrt{3}}{2}$. $\cos\theta = \sqrt{3}-1 = 0.73$.
$\theta = 43°$

18. 最高点での運動エネルギー $\dfrac{1}{2}mv^2 = \dfrac{1}{2}m{v_0}^2 - mgL \geqq 0$ なので，$v_0 \geqq \sqrt{2gL}$

19. 床に到達直前のボールの速度 $\boldsymbol{v}$ の水平方向成分は v_0 である．鉛直方向成分を v_1 とおくと $mgh = \dfrac{1}{2}m{v_1}^2$ なので，$v^2 = {v_0}^2+{v_1}^2 = {v_0}^2+2gh$.
$\therefore \quad v = \sqrt{{v_0}^2+2gh}$

20. 最高点での初速が0なので，摩擦が無視できれば，最大落差 $h = 70\,\mathrm{m}$ を降下したときの速さ v は，力学的エネルギー保存則から
$v = \sqrt{2gh} = \sqrt{2\times(9.8\,\mathrm{m/s^2})\times(70\,\mathrm{m})} = 37\,\mathrm{m/s} = 133\,\mathrm{km/h}$
なので，この広告は信頼できる．

21. 空気抵抗が無視できれば，力学的エネルギー保存則から，速さは同じ．空気抵抗が無視できない場合には，ボールの運動した距離の短い斜め下に投げた場合の方が，力学的エネルギーの損失が少ないので，ボールの速さが大きい．

22. 力学的エネルギー保存則から，$\dfrac{1}{2}mv^2 = \dfrac{1}{2}m{v_0}^2 - mgh$

23. $\dfrac{4.6\times10^7\,\mathrm{kg\cdot m^2/s^3}}{(65\,\mathrm{m^3/s})\times(1000\,\mathrm{kg/m^3})\times(9.8\,\mathrm{m/s^2})\times(77\,\mathrm{m})} = 0.94 \qquad \therefore \quad 94\,\%$

24. (1) $(50\,\mathrm{kg})\times(9.8\,\mathrm{m/s^2})\times(3000\,\mathrm{m}) = 1.47\times10^6\,\mathrm{J}$
(2) $\dfrac{1.47\times10^6\,\mathrm{J}}{(3.8\times10^7\,\mathrm{J/kg})\times0.20} = 0.19\,\mathrm{kg}$

25. 力学的エネルギー保存則では最高点に速さが0で到達できそうに思われるが，水平方向の速さがあるので，最高点に到達する前に走路から下に離れ，最高点に到達しない．

第7章

問1 ひざを曲げながら着地すると，地面が身体へ作用する力の作用時間が長くなるので，力の大きさが小さくなるため．

問2 (a) 右の玉が静止し，左の玉が左へ動く． (b), (c) 右の玉が静止し，いちばん左の玉が左へ動く．(a)の場合が連続して起こった．

問3 花火の破片の重心は放物運動を続ける．

演習問題7

1. 運動量の変化は $(0.15\,\mathrm{kg})\times(40\,\mathrm{m/s})-(0.15\,\mathrm{kg})\times(-40\,\mathrm{m/s}) = 12\,\mathrm{kg\times m/s}$.
$\overline{F} = \dfrac{12\,\mathrm{kg\cdot m/s}}{0.10\,\mathrm{s}} = 120\,\mathrm{N}$

2. 減速の加速度 $-b$ は (2.16) 式を変形して，$b = \dfrac{{v_0}^2}{2x} = \dfrac{(40\ \mathrm{m/s})^2}{2\times(0.2\ \mathrm{m})} = 4000\ \mathrm{m/s^2}$.
力の大きさは $F = mb = (0.15\ \mathrm{kg})\times(4000\ \mathrm{m/s^2}) = 600\ \mathrm{N}$

3. (1) $mV = (m+M)v$. $v = \dfrac{mV}{m+M} = \dfrac{(0.030\ \mathrm{kg})\times(30\ \mathrm{m/s})}{1.03\ \mathrm{kg}} = 0.87\ \mathrm{m/s}$.

(2) エネルギー保存則 $mgh = \dfrac{1}{2}mv^2$ から $h = \dfrac{v^2}{2g} = \dfrac{(0.87\ \mathrm{m/s})^2}{2\times(9.8\ \mathrm{m/s^2})}$
$= 0.039\ \mathrm{m} = 3.9\ \mathrm{cm}$.

4. あり得る．衝突前の 2 物体の全運動量 $m_\mathrm{A}\boldsymbol{v}_\mathrm{A}+m_\mathrm{B}\boldsymbol{v}_\mathrm{B}$ が $\mathbf{0}$ ならば，(7.12)式によって衝突後の速度は $\mathbf{0}$ になる．

5. あり得ない．衝突前の 2 物体の全運動量が $\mathbf{0}$ でないので，衝突後の速度は $\mathbf{0}$ でない．

6. 力積 $\boldsymbol{J} = m\boldsymbol{v}'-m\boldsymbol{v}$ なので，力積の方向は $\boldsymbol{v}'-\boldsymbol{v}$ の方向 (図 S.16 参照)

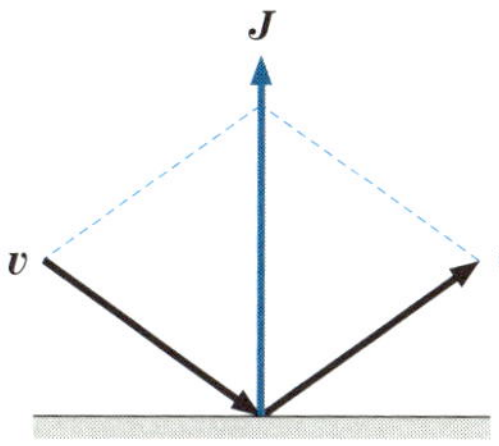

図 S.16

7. あり得ない．運動量は $(5\ \mathrm{kg})\times(1\ \mathrm{m/s}) = (1\ \mathrm{kg})\times(5\ \mathrm{m/s})$ で保存している．しかし，運動エネルギーが衝突前の $\dfrac{1}{2}\times(5\ \mathrm{kg})\times(1\ \mathrm{m/s})^2 = 2.5\ \mathrm{J}$ から衝突後の $\dfrac{1}{2}\times(1\ \mathrm{kg})\times(5\ \mathrm{m/s})^2 = 12.5\ \mathrm{J}$ に増加することはエネルギー保存則からあり得ない．

第 8 章

演習問題 8

1. $(15\ \mathrm{cm})\times F = (2.5\ \mathrm{cm})\times 30\ \mathrm{N}$.　$6F = 30\ \mathrm{N}$.　$F = 5\ \mathrm{N}$.

2. (a) $N = rF_\mathrm{t} = rF\cos\theta$　(b) $N = rF_\mathrm{t} = -rF\sin\theta$

3. 棒に綱と板と壁が作用する力 $\boldsymbol{S}, \boldsymbol{W}, \boldsymbol{F}$ がつり合う条件から (図 S.17 参照)
(1) 水平方向の力のつり合いから，右向き
(2) 点 O のまわりのモーメントの和が 0 という条件から，上向き

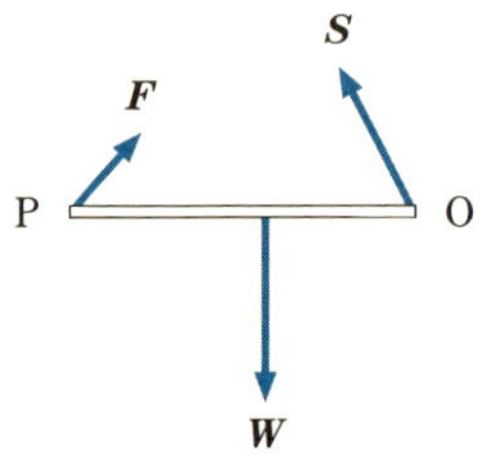

図 S.17

4. A の方が丈夫．同じ体重の人がのって，同じ振幅で振らすと，B の方の綱の張力には水平方向成分があるため，張力が大きい．

5. 板の中点 O のまわりの力のモーメントの和は 0 である．板の左端の上の質量 M の物体の作用する力 Mg のモーメントを打ち消すため，板の右端に支柱が作用する力の大きさは Mg で，下向き．

第 9 章

問 1 慣性モーメントは $\frac{1}{2}MR^2$ と $\frac{1}{12}ML^2$ なので，慣性モーメントの大きいのは (b)．回しやすいのは (a)．

演習問題 9

1. 円板 A, B の角速度，角加速度を ω, α とする．$\omega = \frac{r_C}{r_B}\omega_C = \frac{2}{3}\times(2\,\mathrm{rad/s}) = \frac{4}{3}\,\mathrm{rad/s}$．$\alpha = \frac{r_C}{r_B}\alpha_C = \frac{2}{3}\times(6\,\mathrm{rad/s}) = 4\,\mathrm{rad/s^2}$．おもりの速度，加速度 v，a は，$v = r_A\omega = (12\,\mathrm{cm})\times\left(\frac{4}{3}\,\mathrm{s^{-1}}\right) = 0.16\,\mathrm{m/s}$, $a = r_A\alpha = (12\,\mathrm{cm})\times(4\,\mathrm{s^{-2}}) = 0.48\,\mathrm{m/s^2}$.

2. 慣性モーメントが小さい (a) の場合．

3. 中空の球の方が $\frac{I_G}{MR^2}$ が大きい．斜面を転がり落ちるとき遅い方．

4. 床と接している糸巻きの部分の速さは 0 なので，接触点 P のまわりでの回転運動の法則 $I\alpha = N$ が成り立つ．$\boldsymbol{F}_1$ の場合は $N < 0$ なので糸巻きは右に動き，$\boldsymbol{F}_2$ の場合は $N = 0$ なので糸巻きは動かず，$\boldsymbol{F}_3$ の場合は $N > 0$ なので，糸巻きは左に動く．

第10章

問1　$T = 2\pi\sqrt{\dfrac{L}{g}} = 2\pi\sqrt{\dfrac{2\,\text{m}}{9.8\,\text{m/s}^2}} = 2.8\,\text{s}$

演習問題10

1. (1)　変位の大きさが最大の点 A($ma = -kx$)　(2)　変位の大きさが最大の点 A($F = -kx$)　(3)　力学的エネルギーは保存するので，3点で同じ値．

2. $T = 2\pi\sqrt{\dfrac{m}{k}}$.　$k = \dfrac{4\pi^2 m}{T^2} = \dfrac{4\pi^2 \times (2\,\text{kg})}{(2\,\text{s})^2} = 20\,\text{kg/s}^2$

3. $m = \dfrac{kT^2}{4\pi^2} = \dfrac{(6\,\text{kg/s}^2)\times(3\,\text{s})^2}{4\pi^2} = 1.37\,\text{kg}$

4. $T = 2\pi\sqrt{\dfrac{m}{k}}$ の m も k も変わらないので，周期 T は変わらない．

5. $T = 2\pi\sqrt{\dfrac{L}{g}}$ なので，月面上では地球上の $\sqrt{\dfrac{1}{0.17}}$ 倍 $= 2.4$ 倍．

6. $T = 2\pi\sqrt{\dfrac{L}{g}}$ なので，質量が2倍になっても周期 T は変わらない．

7. 球のエネルギーは4倍になるので，球の初速は2倍になり，上昇距離は4倍になる．水平方向に飛ばすと落下する間に水平方向に2倍の距離を移動する．

8. (1)　0 ($ma = -kx = 0$)　(2)　0 ($a = 0$ なので $x = 0$)

(3)　振動数 $f = \dfrac{1}{2\pi}\sqrt{\dfrac{k}{m}}$ の単振動

9. x-t グラフは右下がりなので速度は負．加速度 $a = -\dfrac{k}{m}x < 0$.

10. $U = \dfrac{1}{2}kx^2$. a の方が b よりもばね定数 k が大きいので，a のばねが強い．

11. $T = 2\pi\sqrt{\dfrac{L}{g}} = 2\pi\sqrt{\dfrac{67\,\text{m}}{9.8\,\text{m/s}^2}} = 16.4\,\text{s}$

索　引

あ 行

アンペア (A) 119
位相 (phase) 112
位置 (position) 4,67
位置エネルギー (potential energy) 72
位置ベクトル (position vector) 32
移動距離 (distance covered) 19
運動エネルギー (kinetic energy) 73
運動の第 1 法則 (first law of motion) 44
運動の第 2 法則
(second law of motion) 46
運動の第 3 法則 (third law of motion) 49
運動の法則 (laws of motion) 46
運動量 (momentum) 84
運動量保存側
(law of conservation of momentum) 86
a-t グラフ (a-t graph) 12
x-t グラフ (x-t graph) 4
エネルギーの単位 (J) 73
エネルギー保存則
(energy conservation law) 79
遠心力 (centrifugal force) 63
温度の単位 (K) 119

か 行

回転運動の運動エネルギー
(kinetic energy of rotational motion) 102
回転運動の法則
(law of rotational motion) 104
外力 (external force) 53
外力のモーメント
(moment of external force) 105
化学エネルギー (chemical energy) 79
角位置 (angular position) 66,100
角運動量 (angular momentum) 125
角加速度 (angular acceleration) 101
角加速度の単位 (rad/s^2) 100
角振動数 (angular frequency) 110
角速度 (angular velocity) 67,100
角の単位 (rad) 58,100,122
加速度 (acceleration) 12,35,58,67
加速度の単位 (m/s^2) 11
カロリー (cal) 78
慣性 (inertia) 44
慣性の法則 (law of inertia) 44
慣性モーメント (moment of inertia) 102
完全非弾性衝突
(completely inelastic collision) 88
カンデラ (cd) 119
基本単位 (fundamental units) 119
共振 (resonance) 116
強制振動 (forced oscillation) 116
共鳴 (resonance) 116
キログラム (kg) 48,119
組立単位 (derived units) 119
ケルビン (K) 119
原始関数 (primitive function) 17
減衰振動 (damped oscillation) 116
向心加速度 (centripetal acceleration) 59
向心力 (centripetal force) 60
剛体 (rigid body) 91
剛体の運動エネルギー
(kinetic energy of rigid body) 106
剛体の回転運動の法則
(law of rotational motion of rigid body) 104
剛体のつり合いの条件
(requirements for equilibrium of rigid body) 94
光度の単位 (cd) 119
合力 (resultant force) 42
勾配 (gradient) 6
国際単位系 (SI)
(International System of Units) 2,119

さ 行

最大摩擦力
(maximum frictional force) 50
作用点 (point of action) 42
作用反作用の法則
(law of action and reaction) 49
三角関数 (trigonometric functions) 112
3 次元ベクトル (three-dimensional vector) 31

時間の単位（s） 119
次元（ディメンション）（dimension） 120
仕事（work） 70
仕事と運動エネルギーの関係（work-kinetic energy relation） 74
仕事の原理（principle of work） 124
仕事の単位（J） 70
仕事率（power） 71
仕事率の単位（W） 71
指数（exponent） 120
質点（mass point） 91
質量（mass） 48,124
質量の単位（kg） 119
質量の中心（center of mass） 88
周期（period） 59
周期運動（periodic motion） 59
重心（center of gravity） 88,91
自由落下（free fall） 20
重力（gravity） 48
重力加速度（gravitational acceleration） 20,48
重力定数（gravitational constant） 65
重力による位置エネルギー（potential energy of gravity） 72
ジュール（J） 70
ジュールの実験（Joule's experiment） 78
瞬間加速度（instantaneous accceleration） 12
瞬間速度（instantaneous velocity） 8,33
瞬間の速さ（instantaneous speed） 3
振動（oscillation, vibration） 109
振動数（frequency） 110
振動数の単位（Hz, s^{-1}） 110
振幅（amplitude） 111
垂直抗力（normal force） 45
水平投射（horizontal projection） 35
スカラー（scalar） 28
静止衛星（stationary satellite） 68
静止摩擦係数（coefficient of static friction） 50
静止摩擦力（static friction） 50
接線加速度（tangential acceleration） 101
接頭語（prefix） 120
零ベクトル（zero vector） 29
相対速度（relative velocity） 38
速度（velocity） 8,33,67
束縛力（constraning force） 74

た 行

単位（units） 2,119
単振動（simple harmonic oscillation） 110
弾性衝突（elastic collision） 87
弾性力による位置エネルギー（elastic potential energy） 113
単振り子（simple pendulum） 114
力（force） 42
力の作用線（line of action） 42
力の単位（N） 46
力のつり合い（equilibrium of forces） 43
力のモーメント（moment of force） 92
直交座標系（cartesian coordinate frame） 30
定積分（definite integral） 17
電流の単位（A） 119
等加速度直線運動（uniformly accelerated linear motion） 18
等時性（isochronism） 111,115
等速円運動（uniform circular motion） 57,60,67
等速直線運動（linear motion with constant speed） 7,16
動摩擦係数（coefficient of kinetic friction） 51
動摩擦力（kinetic friction） 51
トルク（torque） 92

な 行

内部エネルギー（internal energy） 78
内力（internal force） 53
長さの単位（m） 119
2 次導関数（second derivative） 12
ニュートン（N） 46
ニュートンの運動方程式（Newtonian equation of motion） 46
熱量の単位（cal） 78

は 行

ばね定数（spring constant） 110
速さ（speed） 2
速さの単位（m/s） 2
パワー（power） 71
万有引力（universal gravitation） 65
万有引力の法則（law of universal gravitation） 65

非弾性衝突（inelastic collision） 88
微分する（differentiation） 9
微分係数（derivative） 8
微分積分学の基本定理
（fundamental theorem of calculus） 17
非保存力（nonconservative force） 74
秒（s） 2,119
v-t グラフ（*v-t* graph） 7
復元力（restoring force） 43
フックの法則（Hooke's law） 43
物質量の単位（mol） 119
分力（components of force） 42
平均加速度（mean acceleration） 11,34
平均速度（mean velocity） 6,8,33
平均の速さ（mean speed） 2
平行四辺形の規則
（law of parallelogram） 29,42
ベクトル（vector） 28
ベクトルの成分（components of a vector） 30
ベクトルの和（vector sum） 28
ヘルツ（Hz） 110
変位（displacement） 5,8,33
放物運動（parabolic motion） 36
保存力（conservative force） 74
ホドグラフ（hodograph） 58

ま 行

摩擦力（frictional force） 50
見かけの力（apparent force） 63
メートル（m） 2,119
モーメント（moment） 92
モル（mol） 119

ら 行

ラジアン（rad） 58,100,122
力学的エネルギー（mechanical energy） 73,77
力学的エネルギー保存則
（conservation law of mechanical energy）
75,107,113
力積（impulse） 84

わ 行

ワット（W） 71

【著者略歴】

原　康夫

1934年　神奈川県鎌倉にて出生
1957年　東京大学理学部物理学科卒業
1962年　東京大学大学院修了（理学博士）
1962年　東京教育大学理学部助手
1966年　東京教育大学理学部助教授
1975年　筑波大学物理学系教授
1997年　帝京平成大学教授
2004年　工学院大学エクステンションセンター客員教授
この間，カリフォルニア工科大学研究員，
シカゴ大学研究員，プリンストン高級研究所員．
1977年　仁科記念賞受賞
現　在　筑波大学名誉教授

ワンフレーズ力学

2008年10月20日　第1版　第1刷　印刷
2019年4月10日　第1版　第4刷　発行

著　者　原（はら）　康（やす）夫（お）
発行者　発田和子
発行所　株式会社　学術図書出版社
〒113-0033　東京都文京区本郷5-4-6
TEL 03-3811-0889　振替 00110-4-28454
印刷　三美印刷（株）

定価はカバーに表示してあります．

ISBN978-4-7806-0108-4　C3042

単位の 10^n 倍の接頭記号

倍数	記号	名称		倍数	記号	名称	
10	da	deca	デ　カ	10^{-1}	d	deci	デ　シ
10^2	h	hecto	ヘクト	10^{-2}	c	centi	センチ
10^3	k	kilo	キ　ロ	10^{-3}	m	milli	ミ　リ
10^6	M	mega	メ　ガ	10^{-6}	μ	micro	マイクロ
10^9	G	giga	ギ　ガ	10^{-9}	n	nano	ナ　ノ
10^{12}	T	tera	テ　ラ	10^{-12}	p	pico	ピ　コ
10^{15}	P	peta	ペ　タ	10^{-15}	f	femto	フェムト
10^{18}	E	exa	エクサ	10^{-18}	a	atto	ア　ト
10^{21}	Z	zetta	ゼ　タ	10^{-21}	z	zepto	ゼプト
10^{24}	Y	yotta	ヨ　タ	10^{-24}	y	yocto	ヨクト

ギリシャ文字

大文字	小文字	相当するローマ字		読み方
A	α	a, ā	alpha	アルファ
B	β	b	beta	ビータ(ベータ)
Γ	γ	g	gamma	ギャンマ(ガンマ)
Δ	δ	d	delta	デルタ
E	ε, ϵ	e	epsilon	イプシロン
Z	ζ	z	zeta	ゼイタ(ツェータ)
H	η	ē	eta	エイタ
Θ	θ, ϑ	th	theta	シータ(テータ)
I	ι	i, ī	iota	イオタ
K	κ	k	kappa	カッパ
Λ	λ	l	lambda	ラムダ
M	μ	m	mu	ミュー
N	ν	n	nu	ニュー
Ξ	ξ	x	xi	ザイ(グザイ)
O	o	o	omicron	オミクロン
Π	π	p	pi	パイ(ピー)
P	ρ	r	rho	ロー
Σ	σ, ς	s	sigma	シグマ
T	τ	t	tau	タウ
Υ	υ	u, y	upsilon	ユープシロン
Φ	ϕ, φ	ph (f)	phi	ファイ
X	χ	ch	chi, khi	カイ(クヒー)
Ψ	ψ	ps	psi	プサイ(プシー)
Ω	ω	ō	omega	オミーガ(オメガ)